U0214527

黄鳝高效养殖
技术问答

HUANGSHAN GAOXIAO YANGZHI JISHU WENDA

占家智 羊 茜◎编 著

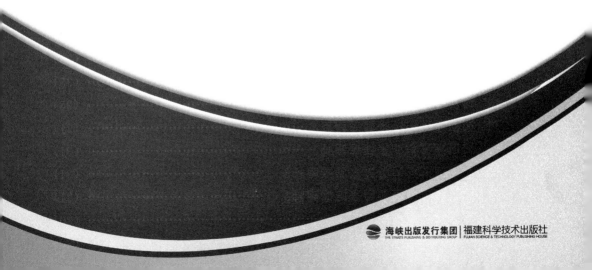

海峡出版发行集团 福建科学技术出版社
THE STRAITS PUBLISHING & DISTRIBUTING GROUP | FUJIAN SCIENCE & TECHNOLOGY PUBLISHING HOUSE

图书在版编目（CIP）数据

黄鳝高效养殖技术问答/占家智，羊茜编著 . — 福州：
福建科学技术出版社，2018.4

（特色养殖新技术丛书）

ISBN 978-7-5335-5538-2

Ⅰ. ①黄… Ⅱ. ①占… ②羊… Ⅲ. ①黄鳝属－淡水
养殖－问题解答 Ⅳ. ①S966.4-44

中国版本图书馆 CIP 数据核字（2018）第 022745 号

书　　名	**黄鳝高效养殖技术问答**	
	特色养殖新技术丛书	
编　　著	占家智　羊　茜	
出版发行	海峡出版发行集团	
	福建科学技术出版社	
社　　址	福州市东水路 76 号（邮编 350001）	
网　　址	www.fjstp.com	
经　　销	福建新华发行（集团）有限责任公司	
印　　刷	福建新华印刷有限责任公司	
开　　本	700 毫米×1000 毫米　1/16	
印　　张	8.25	
字　　数	135 千字	
版　　次	2018 年 4 月第 1 版	
印　　次	2018 年 4 月第 1 次印刷	
书　　号	ISBN 978-7-5335-5538-2	
定　　价	18.00 元	

书中如有印装质量问题，可直接向本社调换

　　"六月黄鳝赛人参。"黄鳝以它特有的风味和保健功能成为人们竞相食用的佳品，同时它也是我国传统的名优水产品，更是我国在国际市场上坚挺的出口创汇淡水鱼。发展黄鳝养殖业是服务"三农"的必然选择，是调整农村产业结构、增强农民增收增效能力、拓展农村致富途径的需要，而黄鳝高效养殖技术是发展黄鳝养殖业的基础和保证。

　　随着国内外市场对黄鳝需求量的大幅度上升，野生资源日渐匮乏，天然捕捉的黄鳝个体越来越小，数量也越来越少，优质黄鳝在市场上供不应求。在20世纪80年代初，湖南、湖北、四川、山东、安徽等地的一些养殖户捕捉到了商机，于是出现了不少养鳝个体户（严格地说应该是黄鳝囤养户）。虽然他们的养殖规模不大，但总体产量较高，效益较好，曾经出现了黄鳝养殖的小高潮。但是不久后，这些养鳝（囤养）的先行者大都偃旗息鼓，或改养其他鱼类。我们经过分析认为，当时黄鳝养殖业发展的瓶颈，就是苗种批量生产、配套饵料和病害防治等技术问题。

　　后来在生产技术的推动下，许多科研及生产单位、大专院校等对黄鳝生物学特性和全人工养殖技术、养殖模式、苗种繁育等做了大量的研究工作，有不少研究成果问世，许多地方将黄鳝养殖作为"科技下乡""科技赶集""科技兴渔""农村实用技术培训"的主要内容，黄鳝养殖关键技术能够迅速被广大养殖户吸收应用，给黄鳝人工养殖开辟了新前景。特别在长江流域和珠江流域等盛产黄鳝的地区，饲养者因地制宜，利用稻田、池塘、水泥池、沟渠、网箱及农村的沼泽地、庭院等饲养或暂养黄鳝，面积和产量相当可观。在此基础上，如能进一步深入研究及推广黄鳝养殖新技术，可以有效地促进黄鳝养殖业发展，繁荣渔业经济，取得较好的社会效益和较高的经济效益。

　　基于以上的认识，加上在生产过程中总结的一些经验，我们编写了这本《黄鳝养殖技术问答》。书中以一问一答的方式，解答了近300个在黄鳝养殖中经常会遇到的问题，内容包括黄鳝的生物学特性、黄鳝的繁殖、黄鳝苗种培育、黄鳝活饵料的培育、科学喂养黄鳝、池塘养殖黄鳝、网箱养殖黄鳝、稻田养殖黄鳝、黄鳝疾病防治、黄鳝的捕捞囤养与运输等，力求将目前黄鳝养殖的最新技术、最新成果介绍给广大读者。全书融实用性、先进性、通俗性和可读性于一体，操作性强，希望能给广大农民朋友带来福音。

由于时间紧迫，书中难免会有些不足，恳请读者朋友指正。

目录 CONTENTS

第一章　黄鳝的生物学特性

1. 为什么要了解黄鳝的生物学特性？

黄鳝养殖近十几年来在我国一直徘徊不前，从表面上看，是黄鳝养殖的技术不成熟，科技推广力度不够，但是深层次的原因是有关黄鳝养殖的基本生物学理论没有得到完善，从而导致黄鳝养殖技术一直处于直观、经验、类比状态，加上个别学者、专家并没有深入生产第一线，一些所谓的养殖技术和生物学特性凭空想象，以讹传讹，误导了养殖户，甚至给养殖户带来了巨大的损失，导致目前国内黄鳝养殖陷入一定的误区。因此，在养殖前深入了解黄鳝的生物学特性，是正确实施黄鳝养殖和技术措施的前提，也是养殖效益得到保证的前提。

2. 你了解黄鳝吗？

黄鳝（*Monopterus albus* Zuiew），又名鳝鱼、长鱼、蝉鱼、罗鳝、无鳞公子等，属合鳃目合鳃科黄鳝属。它肉质细嫩、营养丰富、肌间刺少、味道鲜美，别具风味，含肉率高达 65％ 以上，深受广大食客的青睐。它与泥鳅、鳗鲡合称"淡水三参"。

3. 黄鳝的分布特点有哪些？

黄鳝为亚热带鱼类，广泛分布于亚洲东部及南部的中国、朝鲜、日本、泰国、印度、印度尼西亚、马来西亚、菲律宾等国。我国不同的地区黄鳝分布的特点也不尽相同。一是在黑龙江、青海、西藏、新疆以及海南的南海诸岛等地区分布很少，其他地区均有大量分布；二是以长江中下游地区的湖泊、塘坝、水库、池沼、沟渠和稻田分布密度最大，天然群体产量最高；三是南方其他各省水温较暖和，适宜黄鳝的生长发育，因此天然产量也较高；四是近十几年，随着水产业的发展和黄鳝人工养殖模式的不断探索以及技术上的相对成熟，造成黄鳝的流动性加大，因此，目前黄鳝已广泛分布于我国各地淡水水域。

4. 黄鳝的形态有什么特征?

黄鳝的身体细长,近似圆筒形,前部浑圆管状,后部稍侧扁,尾短而尖,其形状与蛇很相似。一般体长 25～40 厘米,最大体长可达 70 厘米,体重可达 1.5 千克。头部膨大,吻部变尖,口较大,上颌稍突出,上下唇颇发达。小眼睛,隐藏在皮肤之下,不注意时发现不了黄鳝的眼睛,因此许多人以为黄鳝没有眼睛。黄鳝的鼻孔两对,前鼻孔位于吻端,后鼻孔位于眼前缘上方。左右鳃孔在头部腹面连成一"V"形裂缝,这正是合鳃目鱼类的特征。黄鳝的体表光滑,没有鳞片,侧线发达,稍向内凹,有丰富的黏液。黄鳝身体的表面有一些不规则的黑色小斑点,背面为黄褐色或青褐色,腹面呈灰白色或橙黄色(图1-1)。

图 1-1 黄鳝

5. 黄鳝与普通的鱼类有什么区别?

黄鳝虽然属于鱼类,但外形和鱼一点都不像,这是因为黄鳝在进化过程中,它的体型以及特性发生了变化,主要表现在它的背鳍和臀鳍已经退化成低皮褶与尾鳍相连,没有胸鳍和腹鳍,体内没有鱼鳔,在水中只能做短距离游动,在岸上也仅适于扭动前进,这与普通鱼类能快速且长时间地游动有一定差别,因此也形成了它特有的养殖方式。

6. 黄鳝体表黏液有什么作用?

黄鳝能分泌大量黏液,这些黏液包裹着黄鳝的全身,可起到以下作用:一是具有体内外代谢功能,通过黏液的分泌,黄鳝可将体内的氨、尿素、尿酸等废物排出体外。二是黄鳝体表上的这些黏液很滑腻,因此当人们用手抓它或其他敌害来咬它时,往往无法很好地固定住黄鳝的身体,从而让黄鳝很轻易地逃脱。三是这些黏液可有效防止有害病菌侵入,这是因为黏液内含有大量的溶菌酶,所以黄鳝对细菌性传染病具有极强的抵抗力,这就是我们很少看到自然界中的黄鳝生病的原因。

7. 如何保护黄鳝的黏液?

黄鳝黏液中的溶菌酶只有依附于黄鳝体表时,才具有活性,才具有保护功能,一旦溶菌酶脱离了黄鳝的机体,其活性很快消失。溶菌酶的活性还与机体的健康状况有关,黄鳝体质衰竭时溶菌酶的活性也随之下降。而黄鳝体表的湿度对黏液的正常分泌和溶菌酶的产生极为重要,只有湿润的体表才能分泌溶菌酶,而体表干燥的黄鳝溶菌酶的分泌会越来越少,从而导致腺细胞坏死。环境中的过酸、过碱、氨氮、硫化氢等有害物质或高温、高密度引起的发烧都会直接损伤皮肤黏液的屏障功能,从而慢慢丧失了保护功能,有害病菌就会迅速侵入机体,最终导致有害病菌传染到局部或全身,从而造成黄鳝的死亡。因此,我们在鳝种鳝苗的收购、贮藏、运输以及养殖过程中都要注意保护黄鳝的体表及其黏液,防止其黏液不正常的过度分泌或失去黏液。我们一定要想方设法尽量避免对黄鳝的损伤,比如在操作时一定要小心,不要让黄鳝受到机械损伤或皮肤表层擦伤,也不要长时间让黄鳝的体表处于干燥状态;在夏季要避免长时间的阳光直射,更不能让黄鳝受到有害物质的刺激。

8. 黄鳝的内部由哪些部分组成的?

黄鳝的内部结构由骨骼系统、肌肉系统、呼吸系统、消化系统、循环系统、排泄系统、生殖系统、神经系统、感觉器官和内分泌系统等组成。

9. 黄鳝的骨骼系统有什么特点?

黄鳝的骨骼主要指脊柱和头骨组成的中轴骨骼,附肢骨骼仅残剩小部分。脊柱由 100～180 个脊椎组成,分躯干椎和尾椎两部分,躯干椎 94～102 枚,尾椎 46～86 枚。合鳃目的颌骨与颅骨的连接方式是双接型。黄鳝的鳃极不发达,基鳃骨只有一块,与其他种类有所差异。头骨又分脑颅和咽颅两部分。尾椎从第一椎起越往后椎体越小,接近尾部末端的椎体极小,几乎不能辨认。黄鳝虽无胸鳍,却保留着上锁骨和锁骨,可见,无胸鳍是一种次生现象。由于上肋骨有支持肌节的作用,使肌节有较强大的屈伸力量,代替了尾鳍的摆动,因此黄鳝的奇鳍、偶鳍皆退化。

10. 黄鳝的肌肉系统有什么特点?

黄鳝的体内无鳔,在水中完成前进运动与上浮、下沉的动作,完全是依靠体壁肌肉的收缩活动,先是弯曲身体推动水流,然后再借助水流的反作用来推进身体。肌肉系统包括躯干部和尾部的中轴肌及头部的肌肉。由于黄鳝的偶鳍已退化，所以它没有附肢肌。中轴肌很厚实，由水平肌间隔分作轴上肌和轴下肌，没有纵行的上棱肌和下棱肌。眼肌退化，仅为薄片小肌。在头部背面和侧面的浅肌中最大的是下颌收肌，可分作头部分肌和下颌分肌两部分。各鳃弓间及背、腹面还有小束肌肉。

11. 黄鳝的呼吸系统有什么特点？

由于黄鳝没有一般鱼类所具有的鱼鳔，因此黄鳝的口咽腔是主要的呼吸器官。它的口腔及喉腔的内壁表皮有微血管网，通过口咽腔表皮直接呼吸空气，也就是通过口咽腔及肠呼吸来补充鳃呼吸的不足。黄鳝的呼吸方式很特别，在浅水中竖直身体的前部，将吻部伸出水面呼吸空气。黄鳝还有一个特别的功能，就是它的皮肤也具有很强的呼吸功能，口腔上颌及皮肤侧线一带分布丰富的毛细血管网。这种特殊的呼吸系统可确保黄鳝既能从水中获得溶解氧，又能从空气中呼吸氧气。黄鳝从水中获得溶解氧的速率很低，但呼吸强度却很高，即使水中溶氧的浓度极低都能进行有效呼吸。正是黄鳝具有这些特别的功能，因此在水中含氧量十分贫乏时也能生存。更重要的是这种呼吸特点对黄鳝长途运输十分有利，当黄鳝出水后，只要保持皮肤的潮湿状态，就能保证其在相当长的时间内不会死亡。

黄鳝呼吸系统的正常运行不仅与作为呼吸器官的口腔、皮肤以及环境的氧气状况有关，同时与血液的载氧能力也有直接的联系。如载体环境恶化，溶存的有毒化学因子诸如氨、硫化氢和亚硝酸等渗入血液，就会严重影响红细胞与氧的结合能力，从而造成黄鳝酸中毒。中毒的初始表现为黄鳝长时间将一半或整个头部伸出水面呼吸，受到惊动也不下沉，侧卧、仰卧，直至衰竭而亡。

12. 黄鳝的消化系统有什么特点？

黄鳝的消化系统从解剖结构看有肝脏、胆囊、胰脏和肠道。肠道为主要消化器官，无盘曲，中间有一结节将其分为前肠和后肠，前肠柔韧性强，可充分扩张。前颌骨、齿骨、腭骨及第3～5鳃弓上均有细小牙齿，用以捕取及扣留食物。口咽腔后为细长而直的消化管，直贯体腔，开口于肛门。在消化管的腹面右侧是肝脏，肝脏的后面有脾脏。

黄鳝对植物蛋白和纤维素几乎都不能消化，对动物蛋白、淀粉和脂肪则能有效消化，但适度植物性饲料的添加可促进肠道的蠕动和摄食强度。黄鳝的新陈代谢缓慢，反映在消化系统表现为消化液分泌量少、吸收速率低，这一特征作为种群的特性实际上是一种自我保护的功能，可防止食物匮乏时机体的过度消耗。

13. 黄鳝的循环系统有什么特点?

黄鳝的血液循环是封闭的,主要由管道系统和液体部分组成。管道系统由血管系统、淋巴管道系统共同组成,其中血管系统的主要部位是心脏和动脉及静脉。黄鳝的心脏比较简单,由一个心房和一个心室组成。液体部分是由血液、淋巴液等组成。血液流动的方向是心脏→鳃→背大动脉→毛细血管→静脉→心脏。黄鳝的鳃已经退化,鳃缝非常小,在循环系统中所起的作用十分微小,其在陆地上也可以保持一段时间供氧,这主要是通过皮肤呼吸空气中的氧来完成的,当然它也可以将空气吸入肠内,其流畅良好的肠壁可以吸收空气中的氧。

黄鳝的循环系统功能主要有三个,一是运输气体,运进来黄鳝所需要的氧气,同时排出不需要的废气以及二氧化碳;二是对黄鳝的机体起保护和防御作用;三是调节黄鳝体内的环境,确保新陈代谢正常完成。

14. 黄鳝的排泄系统有什么特点?

黄鳝的排泄系统由肾脏、膀胱组成。黄鳝的肾脏细长,暗红色长带状,分为头肾、中肾,呈"丫"形,前部分左右两肾叶,后部连合位于体腔的背壁、脊柱腹面的两旁,大致是自肝脏前端起,一直伸展到躯干部的末端。每个肾小体及其所连的肾小管组成一个肾单位,即肾脏排泄的功能单位。肾脏左腹侧的管囊结构,呈乳白色,连接一根较粗并伸向前方的管囊状膀胱。输尿管向后通入肛门后方的生殖孔。

15. 黄鳝的生殖系统有什么特点?

与其他鱼类不同的是,成年黄鳝的生殖腺仅一个,而且位置也不固定,除少数在腹腔左侧外,大多位于腹腔右侧。这种单一的生殖腺并不是一成不变的。根据有关黄鳝性腺的研究表明,在黄鳝生殖腺发育刚开始时,它们是一对对称的生殖腺,孵化出膜一段时间后,对称性腺开始慢慢地发生变化,主要是慢慢向右偏;发育到 1 个月时,左右生殖腺合二为一,形成一中间具结缔组织纵隔的生殖腺;出膜后 2 个月左右,生殖腺中间结缔组织纵隔消失;黄鳝出膜 4 个月左右,生殖腺分化结束,形成右侧单一生殖腺;出膜后 5 个月左右,单一生殖腺外观与 4 个月左右时长度差不多,但明显增粗,生殖腺内充满不同时相的卵母细胞,且明显增大,进而形成成体生殖腺即卵巢。

16. 从黄鳝的体长能分辨出雌雄吗?

黄鳝的性腺发育有一个性逆转的奇特生物现象,也就是说黄鳝的性腺发育过程非常特殊,即先雌后雄。生殖腺早期向雌性方向分化,体长 24 厘米以下的个体均为雌性。黄鳝雌性个体在繁殖季节,有一个充满黄色卵粒的细长带状的卵巢,大致是从肝脏后端起一直延伸到肛门附近,以极短的输卵管开口于泌尿生殖孔。随着黄鳝的生长发育,到后来性成熟产过一次卵后,慢慢地群体中呈现雌雄共存现象,然后就全部转化为雄性,体长 30~36 厘米的个体雌性占 60%左右;36~38 厘米的个体雌性约占 50%;38~42 厘米的个体雄性占 80%左右;53 厘米以上个体几乎全部为雄性。同时卵巢也逐渐变为精巢,而且以后终身为雄性,不再转变为雌性了。

17. 黄鳝的生活史可分几个时期?

黄鳝不像多数脊椎动物那样终生属于一个性别,而是前半生为雌性,后半生为雄性。黄鳝的一生是从雌雄亲鳝排卵受精、精卵结合而成为有活性的受精卵开始算起,经历了胚胎发育期、鳝苗期(又叫稚苗期)、鳝种期(又叫幼鳝期)、成鳝期和亲鳝期等多个时期(图 1-2)。

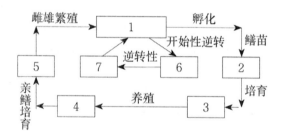

1—雌鳝与雄鳝交配产卵(5~9 月)　　2—鳝苗发育生长阶段(6~10 月)

3—鳝种培育阶段(10 月至翌年 4 月)　　4—成鳝养殖阶段(4~10 月)

5—第一次性成熟为雌鳝(5 月以后)　　6—产卵后的雌鳝继续生长发育,开始进行性逆转,进入雌雄间体阶段(8 月至翌年的 4~7 月)　　7—第二次性成熟为雄鳝,并终生不再变(8 月以后)

图 1-2　黄鳝的生活史示意图

18. 黄鳝喜欢生活在哪些地方?

黄鳝为底栖性鱼类,对环境的适应能力较强,对水体水质要求不高,所以在各种淡水水域几乎都能生存。黄鳝喜栖于腐殖质多的水底淤泥中,甚至在水质偏酸的环境中也能很好地生活。黄鳝喜欢在河流、池塘、湖泊、水田、沟

第二章　黄鳝的繁殖

1. 黄鳝的繁殖现状如何?

黄鳝是淡水养殖名贵鱼类之一。近年来,人工养殖黄鳝在各地兴盛起来。但与之相配套的黄鳝苗种供应却远远没有跟上,这是因为目前黄鳝的人工繁殖还是一个没有完全攻克的难关。国内人工养殖黄鳝,并不像四大家鱼人工繁殖那样在全国推广,究其原因就是它的技术并没有完全被掌握,目前常见的且有效果的繁殖技术,一般是从黄鳝的自然产卵巢里采集天然受精卵,进行人工孵化,或模拟野外自然产卵环境,捕获性成熟的亲鳝在养殖池中进行人工采卵和人工授精,然后进行人工孵化或自然孵化。

黄鳝的人工繁殖及苗种培育的目的,是在人为因素控制下,利用生理、生态等技术手段,取得养殖生产所需的比自然繁殖更加稳定的质优,量多的苗种。虽然目前鳝鱼规模繁殖技术尚未完全成熟,但一般的养殖户进行庭院养鳝或小面积养殖黄鳝时,只要掌握好黄鳝人工繁殖技术,还是可以实现苗种的自我供应,降低养殖成本和风险。

2. 不同体长、不同地区的黄鳝怀卵量一样吗?

就个体来说,一般全长在 20 厘米左右的黄鳝即可达到性成熟。不同体长的黄鳝怀卵量不同,个体长的黄鳝怀卵量明显大于个体短的黄鳝。例如体长为 20 厘米的黄鳝,它的怀卵量为 200~400 粒;全长 50 厘米左右的个体,怀卵量 500~1000 粒。怀卵量除了与黄鳝的体长有关外,还与它们生长的地区有密切关系。研究表明,不同地区的黄鳝,由于生长环境不同,怀卵量也不同。以长江水域的黄鳝为例:30 克体重怀卵量为 250~500 粒,50 克体重怀卵量为 500~1200 粒。

3. 黄鳝产卵与水位变化有什么关系?

黄鳝的繁殖习性与水位也有一定关系,主要表现在黄鳝开始产卵的时间和盛期与其栖息环境的水位变化有关系,如遇枯水年份,则其产卵和产卵盛期都会推迟，等到水位上涨时才会繁殖。

4. 黄鳝自然性比与配偶构成有什么特点？

黄鳝生殖群体在整个生殖时期是雌多于雄。7月份之前雌鳝占多数，其中2月份雌鳝占91.3%以上；8月份雌鳝逐渐减少，占鳝群的38.3%，这是因为8月份雌鳝产过卵，性腺逐渐逆转；9～12月当年的幼鳝长大成熟，雌雄鳝约各占50%。秋冬季人们捕获时，捉大留小，因此开春后仍是雌鳝占多数。黄鳝的繁殖，多数为子代雌鳝与亲代雄鳝配对，也有与前两代雄鳝配对。

5. 黄鳝有占巢习性吗？

与其他许多肉食性鱼类一样，黄鳝在产卵前具有占区筑巢的特性。即将产卵的黄鳝一旦确定了自己的产卵区域，在一定的范围内，它将会禁止其他黄鳝进入，若有入侵者，就会发生打斗。若该黄鳝不能绝对保卫其产卵区域的安全，则会重新选择产卵区域。若即将产卵的黄鳝几经选择，均无法寻找到它认为安全的产卵区，那它将不产卵而随着产卵季节的结束将卵粒慢慢地吸收掉。这种未能产卵的黄鳝会在第二年像其他产过卵的黄鳝一样，逐渐转化成为雄鳝。为了使黄鳝能够在繁殖季节到来时很容易地找到自己的安全产卵区，在自然繁殖或半人工繁殖时，每平方米鳝池投放的种鳝不要超出10条。

6. 黄鳝是筑巢产卵的吗？

性成熟的雌鳝腹部膨大，体橘红色（也有灰黄色），并有一条红色横线。黄鳝在产卵前，雌、雄亲鳝先钻洞吐泡沫筑巢，泡沫在洞口的上方积聚成巢，然后雌鳝将卵排出，积聚成团的卵并不产于泡沫中，而是产在巢上或洞口附近的草根上或挺水植物、乱石块间，卵分批产出，雄鳝在卵上排精，受精卵和泡沫一起漂浮在洞口上面进行孵化发育，故受精卵在水面的泡沫中孵化。若泡沫被毁坏，卵即下沉。成熟的受精卵黄色或橘黄色，半透明，比重较水大，无黏性，卵径（吸水后）一般为2～4毫米，膨胀后可扩大到4.5毫米左右。

亲鳝吐泡沫作巢估计有两个作用：一是使受精卵不易被敌害发觉；二是使受精卵托浮于水面，而水面溶氧高、水温高，有利于提高孵化率。

7. 鳝卵是如何孵化的？

黄鳝受精卵的孵化期较长，从受精到孵出仔鳝一般在28～30℃水温中需要5～7天，25℃左右水温中需要9～11天，最适温度为21～28℃。自然界中黄鳝的受精率和孵化率为95%～100%。刚出膜的幼鳝，全长13毫米左右，此时具有胸鳍，鳍上布满血管。胸鳍不停地扇动，为刚出膜仔鳝重要的辅助呼吸器官。当幼鳝全长达到30毫米以上时，胸鳍即逐渐退化，最后消失（图2-1）。

图2-1　刚出膜的仔鳝

8. 亲鳝在孵化时有护幼习性吗?

在产卵孵化过程中，亲鳝特别是雄亲鳝有护卵的习性，且一般要守护到鳝苗的卵黄囊消失，能自由觅食为止。如果有其他鱼类或蛙类接近鳝卵时，雄鳝会迅速出击，赶走它们。当亲鳝感到周围有危险时，它们会张开嘴，将卵或小黄鳝纳入口中保护，或立即转移到其他安全的地方，等危险过去后，再将小黄鳝放出来，这种护幼行为对提高幼鳝的成活率大有好处。

9. 为什么要培育亲鳝?

亲鳝培育是黄鳝人工繁殖的基础，没有成熟完全的亲鳝是无法进行人工繁殖的。从技术角度上说，亲鳝的培育主要是对参与繁殖的雌、雄个体进行人工喂养，使用专门培育池培育，让它们的性腺达到成熟，然后顺利进入催产阶段，为后面的孵化提供保证。因此亲鳝的培育，直接影响黄鳝的受精、孵化和出苗等方面的效果。目前，亲鳝的培育多采用专池单养、强化饲养管理等方法。

10. 如何建造亲鳝池?

亲鳝培养池直接关系到黄鳝亲本的培育情况，因此它的选择和处理对于黄鳝的繁殖来说是至关重要的。生产实践表明，黄鳝亲鳝培育池应选择在通风、透光和安静的地方，同时要求这个地方靠近新鲜水源，例如靠近河沟、湖泊等天然流动水体，这样既能满足亲鳝培育用水的需求，对于良好的水源来说，还要有排灌方便的优势。亲鳝池最好是水泥池，也可以是土池。池的面积应根据繁殖规模来确定，不宜太大，一般10～20米^2，池深70～100厘米，水深15～20厘米，池底用黄土、沙子和石灰混合物夯实后，铺30厘米左右较松软的有机土。亲鳝池要栽植水葫芦、水花生等水生植物或喜湿的陆草，水泥池围墙高出水面60～70厘米。在池内再建一个多孔圆形或菱形的幼鳝保护池，孔洞用小网目铁丝网与大池隔开，水可自由流通，幼鳝可通过网目进入保护池内，而雌雄亲鳝不能入内，这样可以达到保护幼鳝的目的（图2-2）。

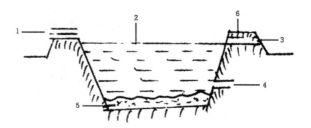

1—进水口 2—水面 3—进洪孔 4—排水口 5—底层（淤泥） 6—池埂

图 2-2　养鳝土池结构示意图

11. 如何清整亲鳝池？

除新建的池以外，每年在亲鳝放养前应对亲鳝池进行清整，这是亲鳝培育中一件十分重要的工作。清整方法是先排干池水，挖出过多的淤泥，清除过多的杂草，排尽陈水。如果池底有机质过多，可泼洒少量生石灰水。应保持池底有一定的起伏，不要过于平坦。还要维修进、排水系统和防逃设施。清整后在池内仿造稻田产卵环境，到了产卵繁殖季节，可让亲鳝在其产卵环境中筑巢产卵，同时巧妙地做一些幼苗收集设置。

12. 亲鳝的来源有哪些途径？

亲鳝来源主要有市场采购、野外捕捉，也可直接从黄鳝养殖池中挑选或采取人工专门培育。无论通过什么途径获得的亲鳝，在产前都要进行一段时间的强化培育。

13. 如何从个体大小来鉴别雌、雄亲鳝？

由于黄鳝有性逆转特性，故以个体大小就可以区分雌雄。据观察与研究，一般野生黄鳝体长在 24 厘米以下时都是雌性，体长 53 厘米以上的都是雄性，身长 24～53 厘米的黄鳝有雄的也有雌的。虽然用这种方法来鉴别具有方便简单的优点，适合野生条件下的黄鳝，但是在人工养殖的黄鳝群体中并不适用。这是因为人工饲养时，给黄鳝提供的营养更充足且品种有异，常常会出现一些性别与体长有出入的情况，故以上标准只能是做个大致的判定，不能作为准确判别雌雄的根据。

14. 如何从年龄来鉴别雌、雄亲鳝？

在选育亲鳝时，可以根据黄鳝年龄来做基本判定，根据黄鳝的生长发育特点和性腺发育的特殊性，一般 2 年龄以内的都是雌鳝，3 年以上的一般都是雄鳝。

15. 如何从形态和色泽上鉴别雌、雄亲鳝？

我们可以从形态和色泽两方面来鉴别雌、雄亲鳝。尤其是在繁殖季节，雌鳝头部细小，不隆起，背部呈青褐色，没有斑纹花点，腹部膨胀透明，性成熟的个体，腹部呈淡橘红色，并有一条紫红色横条纹，腹部肌肉较薄；繁殖时节用手握住雌鳝，将腹部朝上，能看见肛门前面肿胀，稍微有点透明，体外可见卵粒轮廓，用手轻摸感觉柔软而有弹性，生殖孔红肿；另外雌鳝不善于跳跃逃逸，性情较温和。雄鳝头部相对较大，隆起明显，体背可见许多豹皮状色素斑点，腹部呈土黄色，个体大的呈橘红色；在繁殖季节，将雄鳝的腹部朝上，看不到明显膨胀，腹面有血状斑纹分布，生殖孔红肿；用手挤压腹部能挤出少量透明状精液。

16. 如何挑选亲鳝？

为了确保黄鳝的繁殖能取得最好效果，在挑选亲鳝时要严格把握，具体要求如下。

一是养殖时应尽量选择生长较快的，体色为深黄或浅黄色的大斑鳝等优良品种。

二是在成熟度上选择已达到或接近性成熟的黄鳝，以腹部明显膨大呈纺锤形，柔软富有弹性，肛门微红或不红者为母本；以腹部紧缩，尾部细瘦，体长明显大于母本亲鳝者为父本。

三是要求种苗体质健康、体表光滑不带伤痕、游泳迅速、体形肥大、色泽鲜亮、体色呈深黄色或黄褐色，凡肛门红肿或外翻都不能采用。

四是亲鳝最好是从当地收购来的笼捕、草堆诱捕或网捕的鳝鱼中选择，电捕、药捕等可能影响体质的黄鳝一概不能用来作为亲鳝。

五是用于人工繁殖的雌鳝应选择体长30厘米左右、体重200～250克的个体；雄鳝应选择体长50厘米以上、体重200～500克的个体。

17. 雌、雄亲鳝如何配比？

一般情况下，在繁殖季节黄鳝雌雄比例为（2～3）∶1。若是自然受精，则要求雄多雌少；若人工授精，则雄少雌多。也有人根据雌雄亲鳝的体重来决定性别配比，当雄鳝体重大于雌鳝体重时，一般为1雄2雌或3雌；当雄鳝与雌鳝体重相近时，为1雄1雌；当雄鳝体重小于雌鳝时，为1雌多雄。当然适当增加雄性鱼的数量，可以刺激雌鱼产卵，可获得较高的产卵率及受精率。

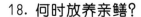

18. 何时放养亲鳝?

根据黄鳝的繁殖习性及亲鳝的培育要求，亲鳝的放养时间一般在每年的 3 月上旬至 4 月中旬。此时水温稳定在 18℃ 左右，是投放亲鳝的最好时机，此时放养能确保亲鳝在产前有 1～2 个月的强化培育时间。

19. 亲鳝该放养多少?

在专用的培育池里每平方米放养成熟良好、体长为 20～30 厘米的雌鳝 8～10 尾，同时放入体长 50 厘米以上成熟良好的雄鳝 3～4 尾，雄鳝越大越好，颜色以黄褐色或青灰色为宜。在实际生产中，亲鳝投放往往是分期、分批进行。另外，可在亲鳝池中放养部分小泥鳅，让其吃掉水中的残饵，以清除池中过多的有机质，改善水质，并在饲料供应不足时，为亲鳝提供活饵。有人提出，亲鳝的培育以雌、雄分池饲养为好，便于检查成熟程度。

20. 放养亲鳝时应如何操作?

如果是从外地购进的鳝种，在运达培育池后，应及时解开包装，用温度计测量其水温，并与池水温度相比较。如果两者的温差小于 3℃，则经过消毒处理后可直接投放；若温差大于或等于 3℃，则应将鳝种倒入塑料盆、桶内，漂浮于池面直至水温相近，经消毒处理后投放。有时为了方便起见，也可将装黄鳝的尼龙袋连同黄鳝和里面的水直接放在池子的水面上，先一侧放在水中 10 分钟，再将袋子翻个身，另一侧放在水里 10 分钟，然后解开口袋。经消毒处理后放入培育池里。

如果是在自己养殖的池塘里选择好亲鳝进行放养时，就要方便得多，成活率也高得多，注意操作时一定小心，不要损伤黄鳝的皮肤，也不要让黄鳝体表的黏液过度失去。鳝种入池时先用 3%～5% 的食盐水浸泡鳝体 10 分钟左右。

21. 要对培育池消毒吗?

在放亲鳝前 10～15 天，要用药物对亲鳝培育池进行清池，从而杀灭病菌、寄生虫和野杂鱼类。通常用的药物有生石灰、漂白粉、茶粕等，其中以生石灰消毒效果最好，它除了杀菌灭害之外，还可以改善底质、调节 pH，有利于亲鳝和天然饵料生物的生长发育。生石灰用量为：水深 5～10 厘米，每平方米 60～110 克，化水后趁热全池泼洒，第二天用带木条的手耙子，把池泥和石灰乳剂搅匀，以充分发挥生石灰的作用。清池后隔 1～2 天就可注入新水。

22. 如何投喂亲鳝?

亲鳝在催产前需精心培育,使性腺成熟能完成繁殖活动。由于培育亲鳝是为繁殖所用,因此不宜养得过肥,以免影响其正常的繁殖。投饵以活食为主,如蚯蚓、蝇蛆、黄粉虫、小鱼、小虾、螺蛳、河蚌肉、动物内脏和蚕蛹等,做到定点(食台)、定时、定质、定量投喂,尤其是5~7月份黄鳝繁殖季节,可喂以蚯蚓等优质饲料。日常投饵视天气和鳝鱼吃食情况而定,以保证亲鳝吃好、吃饱为原则。一般日投食量为鳝鱼体重的2.5%~8%。要保证饲料蛋白质含量高,以促进性腺发育,为了增加维生素等营养物质,也可投喂一些麦芽、饼粕和豆腐渣等植物性蛋白饲料,尽量使饲料多样化,以免因营养不均衡而影响繁殖。要注意的是当黄鳝集体产卵到来之前,应停喂一天。

23. 培育亲鳝时要做哪些日常管理工作?

首先是坚持早晚巡池,在培育亲鳝过程中一定要坚持每天早、晚巡池,特别是临近产卵或遇天气变化时更要增加巡池次数,夜间也应巡池。巡池的目的,是通过观察亲鳝的摄食、活动情况,观察天气变化和水质变化情况,以便及时发现问题,尽快采取对策。

其次是做好防止亲鳝逃窜的措施,由于亲鳝个体大,逃跑能力强,晚上出洞觅食很容易从破裂的池壁洞穴或进、排水管道中逃逸。为此,平常要注意观察,发现漏洞,及时填补。暴雨后,鳝池水位上涨,使防逃墙相对变矮,有时黄鳝也能从墙上逃走,对此也要提高警惕。

再次就是做好鳝病的防治工作,亲鳝培育从春季中期开始,这时正是水霉菌传播的最好温度条件,黄鳝也容易感染水霉病,而到了夏季,在高温季节和水质易受污染的双重作用下,黄鳝容易出现细菌性传染病。因此要做好疾病的防治工作,减少疾病对亲鳝所造成的损失。防治措施一是平时应定期消毒池水和工具;二是有针对性地捉喂药饵;三是发现病鳝应及时隔离,及时治疗。

24. 黄鳝繁殖方式有几种?

黄鳝繁殖方式有自然繁殖和人工繁殖两种。而人工繁殖又可细分为全人工繁殖和半人工繁殖。

25. 黄鳝的自然繁殖是如何进行的?

黄鳝的自然繁殖就是指黄鳝在自然界中的繁殖方法,我们在进行人工养殖时,可以借助种鳝自然繁殖获取苗种,虽然苗种获取量少一点,但是这种方法也有可取之处，那就是简单易行，人为控制少，需要的劳动力也少。具体的工作事项如下。

一是选择好种鳝。在繁殖季节挑选合适的黄鳝放入繁育池中作种鳝，如果有大小不一的两批或多批种鳝，则可从较小的鳝群中挑选雌鳝而在较大的鳝群中挑选雄鳝。

二是做好种鳝的投放。种鳝投入密度应以每平方米6～10条为宜。在繁殖池的中间泥堆上可适当栽植一些较矮的水生植物或水草，由于高秆植物会影响鳝池采光，从而影响黄鳝的繁殖，因此建议在自然繁殖时，繁殖池内不要栽种高秆植物。

三是做好种鳝的饲喂工作。将种鳝池的投料台设在进水口边。投饵以活食为主，投喂的时间可在天黑前1～2小时，投料后打开进水管，使饲料气息随水流遍布全池吸引种鳝前往取食。黄鳝吃食正常后，再适当加入其他饲料，从而提高饲料的多样性。为了让黄鳝能更多更好地摄食到其他的饲料，可在投喂前将其他饲料混装盆内，在阴凉的地方放置一个小时，同时让蚯蚓在饲料盆内来回爬动，使饲料沾上蚯蚓味。投料量以吃完不剩为宜，发现有残料应于次日早晨清除。

四是注意观察泡沫产卵巢的建成。在自然繁殖时，黄鳝会自己构筑一种带泡沫的产卵巢。一旦发现繁殖池内有产卵巢建成，说明再过3天左右黄鳝就会产卵。在这期间应杜绝外人参观，投料动作要轻，尽可能不要发出声响，此时可见到鳝洞口有两条黄鳝探头呼吸，这就是一雄一雌两条亲鳝自动配对成功。而当洞口出现有大量泡沫时，说明黄鳝将在1天左右产卵。

五是注意雌鳝离巢。在黄鳝成功产卵后，如果发现洞口只有一条黄鳝探头呼吸，那么就说明雌鳝在完成产卵后已离开，这时是雄鳝在继续完成孵化任务。再过5～7天鳝苗即将孵出。

六是鳝苗的捞取。鳝苗孵出5天内即可捞至鳝苗培育池养殖。鳝苗培育池内的水温应与种鳝池水温一致（相差不超过2℃）。捞苗时采用细纱布做成的小网兜，动作应敏捷，以免因护仔种鳝的攻击而影响捞苗。

七是对种鳝的护理。对已产过卵的种鳝应精心喂养，大约20天后它又可以进行第二次产卵。

26. 什么是全人工繁殖？

所谓的全人工繁殖，就是在选择黄鳝的亲本后，经过培育、注射催产剂、人工产卵、人工孵化从而获得幼苗的过程，这个全过程都是在人为调控的条件下进行的，所以叫作全人工繁殖。

27. 什么是半人工繁殖?

半人工繁殖是另一种行之有效的繁殖方法,它的繁殖过程同全人工繁殖法相似。只是注射催产剂后,让其自然产卵、受精、孵化,然后捕出仔鳝,单独培育。这种方法一般养殖户均能掌握。

28. 为什么要对亲鳝催产?

选择性成熟度好的亲鳝是催产成功的关键。尽管成熟的黄鳝在亲鳝池能自然配对繁殖,但由于产卵不集中,不能达到规模生产的要求。故在繁殖季节里,要对亲鳝进行人工催情和催产,以使雄鳝和雌鳝在人工控制条件下进入繁殖环境,顺利产卵和孵苗。因此催产技术的应用和催产剂的科学使用就显得非常重要了。

29. 什么季节适于黄鳝催产?

虽然在不同的水域里,黄鳝的繁殖季节有一定的差异,但总的说来在自然环境里黄鳝的繁殖季节是 5～8 月,繁殖盛期是 6～7 月。而在人工养殖条件下,由于营养水平的提高,保温设施的介入,可以让黄鳝的繁殖季节略有提早。尤其是当水温稳定在 20℃ 以上时,亲鳝已经完全摄食了,经过流水冲刺后,亲鳝池就有少数个体开始掘繁殖洞进行配对,此时,就可以进行人工催产。因此适宜的催产时间通常是 5 月底或 6 月上旬,南方地区要更早一些,北方地区则相应推迟一点。

30. 黄鳝催产选用哪一种激素较好?

常规鱼类催产用的三种激素均可应用于黄鳝,它们是绒毛膜促性腺激素(HCG),简称绒毛膜激素;鲤科鱼类脑垂体(PG);促黄体生成素释放激素类似物(LRH-A),简称促黄体类似物。研究认为,黄鳝对以上三种激素的敏感性要低于鲤科类。LRH-A 为化学合成的生物试剂,具有易溶于水、使用方便、安全保险和一次性注射效果好等特点。因此,在实际中用得较多。另外HCG 也比较适合作黄鳝的催产剂,只是效果要比 LRH-A 略差一点。

31. 催情用的激素用量是多少?

亲鳝使用的催产剂可以选用促黄体生成素释放激素类似物(LRH－A),或绒毛膜促性腺激素(HCG),以使用 LRH－A 为主,其注射用量依据水温、亲鳝的性腺成熟程度和黄鳝个体大小而有增减。

雌鳝：体重 20～50 克时，每尾一次性注射用量 5～10 微克；体重 50～150 克时，一次性注射用量 10～15 微克；体重 150～250 克时，一次性注射用量 15～30 微克。

雄鳝：雄鳝在雌鳝注射后 24 小时再注射，体重 120～300 克时，一次性注射用量 15～20 微克；体重 300～500 克时，一次性注射用量 20～30 微克。

如果用绒毛膜促性腺激素（HCG），体重为 15～50 克的雌鳝，每尾用药 500～1000 国际单位，一次注射。如果雌鳝较大，可适量增加。雌鳝注射 24 小时后，雄鳝减半注射。

如果采用鲤科鱼类脑垂体，15～50 克的雌鳝，每尾注射 2～4 毫克，一次注射。雌鳝注射 24 小时后，雄鳝减半注射。

如果两种或三种催情剂混合使用，应根据情况，酌情配比。

32. 催情药液如何配制？

PG、LRH-A 和 HCG 三种催情剂都要用 0.6％的氯化钠溶液溶解或制成悬浮液，稀释后的药量控制在每尾黄鳝 1 毫升左右。配制药液时，要准确计算，使药液浓度适宜，若浓度过大，注射时稍有损失，就会造成催情剂用量不足；若浓度过稀，大量的水分进入鱼体，对亲体不利。配制 LRH-A 和 HCG 药剂时按产品包装标明的剂量换算，用生理盐水稀释溶解，达到所需浓度。鲤科鱼类脑垂体按所需的剂量称出，放入干燥洁净的研钵中干研成粉末，再加入几滴生理盐水研成糊状，充分研碎后，加入相应的生理盐水，配成所需浓度的悬浮液。

33. 如何注射催情剂？

每尾亲鳝注射催产剂液量为 1 毫升。注射方法有肌肉注射和体腔注射两种，生产中以后者为多。用绒毛膜促性腺激素时可采取一次性注射，注射部位为黄鳝腹部卵巢处。操作时，由一人将选好的亲鳝用干毛巾或纱布包住，防止其滑动，亦可用麻醉法，即用 0.02％的丁卡因或利多卡因，也可用 0.15％敌百虫麻醉 2 分钟。保持亲鳝的腹部朝上，另一个人进行腹部注射。针头外露 3～5 毫米，其余部分用塑料胶管套住或胶布缠绕，要煮沸消毒后使用。宜用 2～5 毫升的金属连续注射器。注射时，进针方向大致与亲鳝前腹成 45°左右，针头先刺进腹部皮肤及肌肉，在肌肉内平行前移约 0.5 厘米（防止拔出针头后药液回流），然后插入腹腔注射，注射垂直深度为 0.2～0.3 厘米，不要超过 0.5 厘米。由于雌、雄亲鳝对药物的效应不同，雌鳝产生药效比雄鳝慢，因此在实际操作时，雄鳝的注射时间须比雌鳝推迟 24 小时左右，注射时间在中午到下午 1 时为好，注意避开强光。注射好药物后的雌、雄亲鳝要分开放入网箱或水族箱中暂养，水深保持 30～40 厘米，每天换水一次，注意经常注入新水，约 1/2 水量，暂养 40～50 小时后，即可观察亲鳝的成熟及发情情况（图 2-3）。

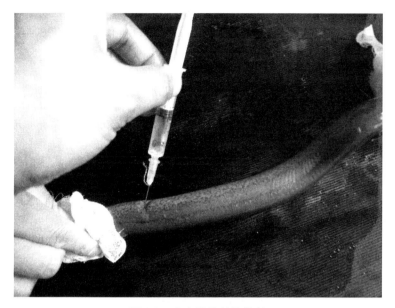

图 2-3　为亲鳝注射催情剂

34. 催情剂注射后的效应时间是多久？

亲鳝在注射催产剂后，效应时间为 2～4 天。效应时间与催产剂量没有关系，但与注射次数及当时的水温有密切关系。在水温 25～27℃时，注射 40 小时后每隔 3 小时检查一次。同一批注射的亲鳝，其效应时间往往不一样，有的 48 小时，有的长达 80 小时，故要保持检查的连续性，要检查到注射后 80 小时左右。检查的方法是：捉住亲鳝，用手触摸亲鳝的腹部，并由前向后移动，如感到鳝卵已经游离，则表明开始排卵，应立即进行人工授精。

35. 亲鳝如何自然产卵？

给黄鳝注射激素后，可让其自然产卵，也可进行人工授精。自然产卵就是在进行人工注射激素催产后，将亲鳝放入产卵池，不久，雌、雄鳝便掘洞配对，待金黄色卵子产出后，立即将受精卵捞入孵化池（器）孵化，这种产卵的特点是对鳝体伤害较小，卵子受精率高，但需要较大的产卵池和较多的雄鳝。

36. 人工授精有什么好处？

人工授精就是借助人工的力量，将黄鳝的卵子和精子进行结合的过程。这种授精的优点是不需要专门安排产卵池，繁殖用的雄鳝也少，因此，可节省生产资金。但人工授精也有自身的缺点，就是由于人工操作，可能会对鳝体造成较大的伤害，且卵子受精率低。

37. 如何进行人工授精操作？

在人工授精前，先将经检查达到良好发育的雄鳝准备好，放在水族箱或网箱中待用。将开始排卵的雌鳝取出，用干毛巾裹住，使其腹部外露，操作员一手用干毛巾抓住雌鳝的前部，另一手由前向后挤压雌鳝腹部，部分雌鳝即可顺利挤出卵，但也有部分雌鳝会出现泄殖腔堵塞现象，此时可用小剪刀在泄殖腔处向内前开 0.5～1 厘米，然后再将卵挤出，连续 3～5 次，挤空为止。卵放入预先消毒过的干玻璃缸或瓷盆等容器中，容器的内面一定要光滑。与此同时，快速将准备好的雄鳝杀死，剖腹，取出精巢（性成熟可以用来繁殖的精巢一般呈乌黑色），用干毛巾擦净血迹，取一小部分精液放在 400 倍以上的显微镜下观察，如精子活动正常，即可用剪刀把精巢迅速剪成碎片，放入盛有卵的盆中。然后用羽毛轻轻搅拌，边搅拌边加入 0.7% 的生理盐水，以能覆盖卵为度，让卵与精巢碎片充分混合均匀后，放置 3～5 分钟，再加清水洗去、吸出精巢碎片、血污、破卵、混浊状的卵，最后将受精卵移入孵化场所孵化。

38. 如何鉴别受精卵的质量？

成熟的卵子吸水后膨胀成圆形，卵膜和卵之间有明显的卵间隙，卵黄与卵膜界线清楚，卵黄集中于底部，吸水 40 分钟后，胚胎清晰可见。成熟不好的卵，吸水后不呈圆形，弹性也小得多，卵黄和卵膜界线不清，卵内往往有不透明的雾状物，以上这些指标只能用于鉴别卵子的成熟度和质量，不能用于辨别卵子受精与否。因为成熟得好而未受精的卵子同样吸水性好，弹性大，能够进行细胞分裂形成胚盘，但胚胎发育至原肠期因无生命力就逐渐发白死去。所以，辨别受精与否需要胚胎发育至原肠期，当水温 25℃ 时，在受精后 20 小时左右才能做出判断。

39. 人工孵化有哪几种方式？

鳝卵的比重大于水，人工孵化时，可根据产卵数量选用玻璃缸、瓷盆、水族箱、小型网箱等，把卵摊开、平放。黄鳝受精卵人工孵化有多种方式，如静水孵化、流水孵化、孵化筛孵化和滴水孵化等，最常用的是滴水孵化方式。

40. 静水孵化如何操作?

静水孵化就是在水位相对静止的状态下进行孵化，由于孵化器是一个封闭型容器，所以要注意经常换水，确保水质清新，溶氧充足，换水时水温差不要超过 3℃，每次换水 1/3～1/2，每天换水 2～3 次。在受精卵的胚胎发育过程中，越到后期，耗氧量越大，需增加换水次数，每天换水 4～6 次。

在孵化池孵化前 10 天，用生石灰彻底清池消毒，待池塘毒性消失后，注入经日光照射升温后的水 10 厘米。静水孵化时的水位不宜太深，控制在 10～15 厘米，人工孵化时池子上方要遮阳，避免阳光直射，孵化池中每平方米放卵 1000～2000 粒，水温控制在 25～30℃，孵化 2 小时后用吸管吸除花卵、未受精卵。只要管理得当，静水孵化即可孵出鳝苗。孵化所需时间与水温有关，在适温范围内，水温越高孵化时间越短，如在 22℃时需 288 小时、23℃时需 192 小时、26℃时只需 134 小时，仔鳝就能破膜而出。此时的仔鳝长 12～20 毫米，卵黄囊很大，直径约 3 毫米。仔鳝不会游泳，只能侧卧在水底，受到刺激会作出挣扎的反应。因此可预先在孵化池中放些经消毒的丝瓜筋或棕树皮，让刚刚孵出的幼鳝有栖息藏身之处。

41. 流水孵化如何操作?

流水孵化就是在木框架中铺平筛网，浮于水面上，利用流水带来的溶解氧为鳝卵提供氧气，从而达到孵化的目的。操作步骤如下：首先把鳝卵放入清水中漂洗干净。拣出杂质、污物。其次是把卵放在筛网上，均匀地铺成薄薄的一层，不要铺得太厚，否则底部的卵会因缺氧而成为死卵，筛网浮于水泥池的水面上，鳝卵的 1/3 表面露出水面。再次就是要让孵化池保持微流水，通常是水泥池一边进水，一边溢水。最后就是在孵化期间要注意观察胚胎发育情况，及时拣出死卵，冲洗掉碎卵膜等。

如果孵化技术得当，水温在 20～30℃，经过 5～8 天即可出膜。出膜的幼苗放入大瓷盆、水族箱或小水泥池中饲养，水深 3～5 厘米，每天换水 1/3，待卵黄囊吸收完毕后即可放入幼苗培育池中。

42. 滴水孵化如何操作?

水温在 23～27℃时水霉病危害严重，而采用室内滴水孵化法，在容器底部铺上细沙可以防水霉。滴水孵化是在静水孵化的基础上，不断滴入新水，以增加溶氧，改善水质。具体做法是：提前一天在消毒洗净的器皿底部均匀铺上一层经清水淘洗、阳光暴晒的细沙，从水龙头接出小皮管，用活动夹夹住皮管出水口，以控制滴水速度。将受精卵转移至铺有细沙的器皿中，并打开水龙头，调节活动夹至适宜的滴水速度。滴水速度视孵化鳝卵数量与进入孵化器时间而定，受精卵刚进入孵化器时水滴次数为10滴/分，持续1天，第二、三天为15～20滴/分，第四天为30滴/分，直到孵化出幼苗，一般5～7天可出膜。孵化的器皿最好有溢水口，要经常倾掉部分脏水。

第三章　黄鳝苗种培育

1. 什么是苗种培育？

黄鳝的苗种培育是指将人工繁殖或天然采集的鳝苗用专池培育成能供养殖成鳝用鳝种的养殖过程。一般是将刚孵化的鳝苗进行分阶段培育，先培育成体长 2.5～3.0 厘米的鳝苗，再培养到体长 15～25 厘米、体重 5～10 克的鳝苗，也可以一次性培育到位。由于人工繁殖鳝苗相对滞后，故黄鳝苗种培育开展得不够普及。随着黄鳝生产的发展，对苗种的需求量越来越大，解决批量苗种生产迫在眉睫。

2. 鳝种的来源有几种？

由于目前黄鳝的人工繁殖技术尚未全面普及，普通养殖户进行人工繁殖还有一定难度，因此鳝种的来源渠道大致有 4 个：一是依靠全人工繁殖培育获得；二是从市场上采购鳝种；三是组织人力捕取天然黄鳝受精卵，然后人工孵化成苗；四是组织人力捕取天然鳝苗。对于具有一定规模的黄鳝养殖户，应从多方面、多渠道解决鳝种来源。从目前的情况看，还是以从市场收购天然捕捞的鳝种和组织力量捕捞天然鳝为主。从发展的角度看，具有一定规模的养鳝单位应自行培育鳝种，形成繁殖、培育、养殖、销售一条龙的生产经营体系。

3. 采购鳝苗有哪些途径？

从市场上采购鳝苗鳝种的途径一般有 3 个：一是到农贸市场或水产品批发市场随机采购，二是到固定的熟悉的小商贩手中采购，三是到黄鳝养殖场采购。

这 3 条途径中第 1 条质量得不到保证，通常会有电捕鳝、药捕鳝、钩钓鳝在里面，往往会发生购回家就大量死亡的现象。第 3 条途径价格往往会很高，但是质量和规格都能得到保证，第 2 条途径很适合普通养殖者，直接从捕鳝者或收购商手上收购时，一定要向他们说明意图，要求捕鳝者在存放时采取措施，尽可能防止其发烧。在和收购商谈转买价格时，给出相对优惠的价格，然后对前来交售黄鳝的农户一家一家地查看，将认为合格的黄鳝收来养殖，这样质量比较可靠。

4. 如何收购和保管鳝苗？

如果条件许可，可以尝试自己去联系捕鳝的农户，给出相对优惠的价格，要求他们务必好好保管捕获的鳝苗。保管方法是：捕鳝者每次都必须用桶装捕获来的鳝苗，在桶里放一些湖水或者沟水、池塘水，捕鳝者带水把黄鳝拿回家之后也必须用湖水或池塘水暂养，等待上门收购。尽量多联系几家捕鳝农户，每天上午自己前往统一收购，运回来也必须带水运输，不需要太多的水，每一个网箱都要一次放满。自己收购虽然麻烦一些，但效果很好，成活率也很高，且价格比从小贩那儿收购要便宜些。

在收购时要注意3点要求，一是必须每天上午亲自到捕鳝农户家中把当天早上捕获的鳝苗给收回来。二是在运输和储存的过程中都必须要用湖水或河水，绝对不用井水、泉水或自来水，最重要的是注意温差，不得超过3℃，以免黄鳝感冒。运输过程必须带水，不能不带水运输，以免黄鳝发烧。三是起捕或储存时间过长的坚持不要。

5. 对鳝种有什么质量要求？

由于目前人工繁殖鳝苗在技术上尚存较大难点，故仍以收购捕捞的天然鳝种为主进行人工养殖。在购买鳝种时，要选择体质健壮、无病无伤的鳝种，最好是一直处于换水暂养状态的笼捕和手捕黄鳝种苗作为饲养对象，切忌使用钩钓来的幼鳝作鳝种。咽喉部有内伤或体表有严重损伤，易生水霉病，有的不吃食，这样的黄鳝种苗成活率低，均不能用作鳝种。鳃边出现红色充血或泛黑色、体色发白无光泽、瘦弱的也不能用作鳝种。凡是受到农药侵害的黄鳝和药捕的黄鳝也都不能作种苗放养，这些黄鳝一般全身乏力，缺少活力，一抓就抓住了。将欲收购的鳝苗倒入一个中型水盆中，看其是否活跃，健康的鳝种表现为游动快，用手抓时挣扎厉害，体表无伤无病，如果盆中鳝密度大，健康鳝很快将头部竖起，而体弱鳝或伤鳝、病鳝在水盆中反应迟钝，头部竖起也缓慢无力，或根本竖不起头部，另外处于打桩状态的黄鳝不要收购。

捕捞鳝种的方法有电捕、药捕、钓捕、笼捕和徒手抓捕等多种形式。人工养殖的鳝种要求是笼捕、手抓的方法捕捞的鳝种，这种鳝种受伤的可能性小。钓捕的鳝种咽喉或口部受到铁钩等钓具的损伤；药捕和电捕的鳝种表现为体色发灰发红、腹部有很多小红点（出血点），同时规格混杂，大小不一，这是扫荡性捕杀的结果。电捕、药捕、钓捕的鳝种成活率低都不能用于养殖。

6. 对鳝种的品种有什么要求？

迄今为止的研究表明，黄鳝是合鳃科中唯一的一个物种。然而，在实践中发现有不同肤色、不同斑点、不同生长速度的黄鳝。比较典型的有几种：第一种是深黄大斑鳝，我们称其为"黄斑鳝"。这种黄鳝的体色微黄或橙黄，体背多为黄褐色，腹部灰白色，身上有不规则的黑色小大斑点，而且这种黄鳝的摄食强度大，性格较为凶猛，生长速度快，个体较大，最大个体体长可达 70 厘米，体重 1.5 千克左右，每千克鳝种生产成鳝的增肉倍数是 1∶5～1∶6；第二种黄鳝被称为"青黄斑鳝"，这种鳝的体色青黄，尤其是背部颜色偏青，其生长速度一般，每千克鳝种生产成鳝的增肉倍数是 1∶3～1∶4；第三种黄鳝被称为"青鳝""麻鳝"或"青斑鳝"，体色灰，斑点细密，这种鳝苗则生长不快，个体较小，每千克鳝种生产成鳝的增肉倍数是 1∶1～1∶2。还有一种红色的黄鳝，也称"火鳝"，这是一种体色变异的黄鳝，它的生长速度也较慢，每千克鳝种生产成鳝的增肉倍数是 1∶1～1∶2。这些不同肤色、不同斑点、不同生长速度的黄鳝，是在不同的生态环境中，通过世代交替而逐步形成的，从养殖效益来看，我们在选择养殖品种时，应选取生长快速的黄斑鳝和青黄斑鳝。

7. 购黄鳝苗种时通常有几种上当受骗的情况？

近几年黄鳝的市场行情好，价格不断上涨，很多人都在投资或准备投资养殖黄鳝。由于种苗供应明显不足，一些不法之徒精心编造了一些美丽谎言来诱骗养殖者。因此我们提醒养殖户在选购黄鳝苗时，一定要提高警惕，以免上当受骗。以下总结了有可能导致养殖户在购买苗种时上当的几种情况，希望能引起大家的重视和注意。

一是用野生黄鳝苗冒充人工养殖苗。在国内真正进行的人工驯化培育黄鳝种苗场不多，人工养殖苗数量有限。不少炒种单位把市场上收购到的野生黄鳝苗充当人工养殖苗，从而赚取高额差价。就目前我国养殖场的黄鳝来说，真正人工驯化培育且具有养殖效益的黄鳝苗品种为深黄大斑鳝或金黄小斑鳝，其他品种都不适合人工养殖。而收购的野生黄鳝多为杂色鳝或灰色浅黄鳝。

二是用一般黄鳝苗充当"特大鳝""杂交鳝"。有一些不法商贩在部分不明真相的非专业报刊上刊登出售"特大鳝种"及"转基因鳝种"等非法广告，欺骗性相当大。"转基因黄鳝"是美国圣·约翰大学基因研究所的科学家将鳗鲡的基因与黄鳝的基因进行组合培育出的转基因产品，目前在美国尚未投放市场，在我国更没有这种转基因产品上市。所谓"特大黄鳝"是不法商贩对热带黄鳝或本地黄鳝无中生有的冠名，以从中牟取暴利。有的炒种单位用国内的普通黄鳝苗充当"泰国特大鳝""杂交鳝"，并称这种黄鳝"生长快、易饲养"，声称采购他们的所谓"特大鳝"苗，幼苗3~5个月可长500~1000克，投资购买20千克"特大鳝"苗一年可赚10万元。笔者从事黄鳝养殖研究多年，得出的结论是：这样的高效养殖不可信。我国目前根本没有什么"杂交鳝""特大鳝"，真正从泰国引进的泰国鳝也不适合我国气候条件。据调查，养"特大鳝""杂交鳝"没有一人成功的，往往养殖不到一个月便"全军覆没"，引种者千万不能轻信这些广告宣传。

8. 为什么要筛选鳝种？

养殖黄鳝首先要有优质的苗种供应，尤其是大量养殖时，需要批量苗种的及时供应，而目前市场供应的苗种来源多样、质量参差不齐、个头大小不一，因此我们需要对鳝种进行必要的筛选。另一方面，作为我们选购或留用的鳝种，由于多次捕捞、长时间暂养或者多次转运，造成了鳝种的机体受伤或者被一些致病细菌感染，这些质量不好的鳝种，在以后的养殖过程中，不但会陆续生病乃至死亡，更重要的是这些带病带菌的鳝种，会将病菌传染到同一养殖池内的健康鳝种，从而造成黄鳝大面积生病或暴发性死亡。因此我们一定要在苗种放养前把好关，及时将生病的或劣质的苗种筛选淘汰掉。

9. 筛选鳝种有哪些方法？

投资养殖黄鳝，一定要多学养殖知识，多摸索经验，多考察正规养殖场，这样才能分清黄鳝的优劣，才能选好鳝苗鳝种，使养殖事业一帆风顺。因为苗种是养殖成功的基础，在选购和筛选黄鳝苗种的每个环节上都要多注意、多留心、多了解。通常鳝种筛选的方法有以下几种：体型颜色筛选、活力测试筛选、水流筛选、拍打筛选、行为筛选、吃食情况筛选、配合饲料检验法筛选、钻草或钻洞的方法筛选、盐水浸泡法筛选、药物浸泡法筛选、苗种价格鉴别筛选等。

10. 筛选鳝种有哪些步骤？

在鳝种筛选时，一般是先通过体型颜色来甄别优质品种，再通过活力测试，结合盐水浸泡和水流筛选法共同进行，这样做还有一个目的，就是将消毒结合筛选一次性完成，既省工省时省力，又减少对黄鳝所造成的操作性伤害。经筛选得到的鳝种，可以大大提高养殖成活率和产量。

11. 如何通过体型颜色来筛选鳝种?

我们知道不同体型、颜色的鳝种,它们的生长速度不一样,生长性能也有一定差异,因此我们要通过体型和颜色来筛选适合养殖的鳝种。一般都认为深黄大斑鳝是优质好苗,这种鳝的体表颜色深黄,体型非常匀称,身体上伴有明显的黑色大斑点,更重要的是通过人工驯育的鳝苗,采用配合饲料进行转雄性化养殖的成功率非常高,而且生长速度非常快,试验表明,一尾 20 克的深黄大斑鳝幼苗饲养 5~6 个月可长到 150~250 克。而其他品种的鳝苗,饲养 5~6 个月体重增加不到一倍,有的还更少。

12. 如何通过活力测试来筛选鳝种?

活力测试鳝种技术,是人们在多年的养殖过程中总结出来的,是凭借操作者的判断来进行筛选。具体的方法是用手随机捉一尾鳝苗并抓紧,力度不要太大也不要太小,太大了容易伤害苗种,太小了鳝苗会立即逃脱,只要保持鳝苗身体被控制住就可以了,这时可以通过观察它的活力来判断苗种是否健康。如果苗种能自己用力抬头且挣扎有力,肌肉紧绷,全身扭动不止,没有黏膜脱落以及不正常的斑点存在于体表上,说明这是优质鳝苗;如果鳝苗的身体和尾部都发生扭曲,身上有多处红斑出现,尤其是肛门处红肿明显,另外把鳝苗抓在手中时,感觉鳝体没有什么活力,全身软绵绵的,这些都是劣质鳝苗,不可用于养殖。

13. 如何通过水流来筛选鳝种?

这是一种利用黄鳝喜欢逆水游动的特性来进行筛选的方法。在筛选时,先用适当的力将鳝池内水按一定方向搅动,这时会发现有些鳝苗朝水流相反的方向顶水游走且活动自如,游动有力,这些鳝苗就属正常的鳝苗;如果发现一些鳝苗被动地跟着水流走或者没有力气顶水游动,这些鳝苗就是质量不好的鳝苗,不可以用来养殖。

14. 如何通过拍打来筛选鳝苗?

这是一种针对野生鳝鱼平时少被惊动的特点来进行筛选的技巧。筛选时用浅盆盛装鳝鱼,盆里的水以刚好淹没过鳝鱼的背部为宜,用手轻轻地拍打盆沿一圈,这时就会发现有的鳝苗迅速地乱蹦乱跳,有的鳝苗几乎不动。那些一拍盆后就拼命往外跳、想逃走的就是质量好的鳝苗;而那些跳不起或不跳的就是劣质的鳝苗。当然了,还有一种情况需要区别对待,就是一旦鳝鱼受了伤以及已经患病的鳝鱼也会向外跳，这时就需要仔细鉴别筛选了。

15. 如何通过黄鳝的行为来筛选鳝苗?

这是根据黄鳝具有集群性的特点来筛选。在正常情况下，黄鳝是一种群聚性动物，很少有单独活动的，因此，可利用这种特性进行筛选。在浅水无土池内可观察到，质量好的鳝苗会成群地往四角钻顶，而那些单独游走、活力不佳的就是质量不好的鳝苗。为了有足够空间便于观察，鳝苗密度应小于 5 千克/米^2。另外质量好的鳝苗一般在池底下活动自如，也可以观察池内的水质，清者为质量好的鳝苗。

16. 如何通过鳝鱼的吃食情况来筛选鳝苗?

这是通过观察黄鳝的吃食是否正常来进行筛选的方法。鳝种经过捕捞、暂养、运输后，当它进入到另一个新鲜的水体环境里时，前几天几乎是不吃食的。在鳝苗开口吃食后给其投喂重量为鳝苗总重量 2% 的配合饲料，或选用鳝苗总重量为 3% 的黄粉虫、5% 的蚯蚓、10% 经绞碎的鲜鱼肉，在水温大于 20℃的条件下，如果鳝苗能在 2 小时之内吃完一半以上饲料，说明这一批鳝苗的质量比较好，如果剩下比较多，说明这批鳝苗的质量不好，不宜用来养殖。

17. 如何通过配合饲料检验法来筛选鳝苗?

在定时、定量、定点的前提下投喂黄鳝配合饲料或蚯蚓，人工驯化的优质鳝苗能正常采食，野生鳝苗或体质不好的鳝苗不可能采食配合饲料或蚯蚓。因此购鳝苗一定要到正规养殖场，不采食配合饲料或蚯蚓的鳝苗不能要。

18. 如何通过钻草或钻洞的方法来筛选鳝苗?

这是利用黄鳝喜欢穴居的特性来进行筛选的方法。先将鳝苗放入池内，池内必须有水草或者泥土，也可用瓦块做成人工洞穴。如果在 2 小时左右就能钻入洞穴或水草丛里的鳝苗就是质量好的；凡是不钻洞、不钻草的就是质量不好的鳝苗；有的钻头不钻尾或钻进一会又出来的也不是好鳝苗。当然，也有部分质量不好的鳝苗也能钻洞，这时就要结合其他的方法来进行综合判断。

19. 如何通过盐水浸泡法来筛选鳝苗?

由于食盐水对黄鳝的刺激性大，选用时要慎重，一定要掌握好有效的浸泡浓度、时间和温度，浓度高了或浸泡时间久了，就可能会使鳝苗死亡。另外用盐水浸泡鳝苗时，同时也起消毒作用，但会加速劣质鳝种的大量死亡。筛选时不要把全部的鳝苗都放入盐水内，采取抽样法进行筛选，方法是用手抓起样本鳝苗放入盐水中，盐水浓度为：小鳝 1％～2％，鳝苗 2％，大规格鳝苗 3％，浸泡时间以 5～10 分钟为宜。通过观察鳝苗的反应就能判断其质量好坏，具体来说就是在浸泡过程中，质量好的鳝苗一进入盐水中就表现出紧张不安，过一会就渐渐地安静下来，或有规律地运动，比如缓缓地沿容器壁爬行；而质量不好的鳝苗，由于食盐水刺激伤口等造成的疼痛，先是狂跳乱窜，然后尾巴扭曲，整个浸泡过程一直不会安静。在浸泡结束后，要立即将鳝种放入鱼池，这时还可以继续观察鳝苗的反应，质量好的鳝苗会钻入洞穴中或草丛里，而质量不好的鳝苗则在水面上慢慢漂游。

20. 如何通过药物浸泡法来筛选鳝苗？

在生产实践中我们还常常会用药物浸泡来筛选鳝苗，浸泡方法及鳝苗的反应基本上与盐水浸泡法相同。药物通常是用硫酸铜或鳝病灵，具体方法是每升水加入 8 克硫酸铜浸泡鳝苗 5～10 分钟；若用鳝病灵按每立方米水加药 10 克，浸泡鳝苗 15 分钟。药物的浸泡可使劣质鳝鱼身上的黏膜脱落。质量好的鳝苗在药水里有规律活动，最后处于静态。质量差的鳝苗和有病有伤的鳝苗则始终不会安静。

21. 如何通过苗种价格鉴别来筛选鳝苗？

黄鳝苗和其他苗种一样，有一个公平合理的价格，一般说来，以重量计种苗价格比成年黄鳝高出 20％左右，这是正常合理价格。价格过分低于市场价的种苗要当心，可能是劣质的种苗，不宜购买。而有的炒种"公司"把鳝苗价格炒到成年黄鳝的 2～3 倍，完全违背价格规律，甚至以次充好也不宜购买。

22. 如何用鳝笼捕捉野生鳝苗？

在春天末期，气温回升到 15℃以上时，在土层越冬的鳝苗纷纷出洞觅食，这时是捕捉野生鳝苗的最好季节，在这个季节里不仅可在湖泊河沟捕捞，也可利用春耕之际在水田内捕捞。其他季节可利用黄鳝夜间觅食的习性来捕捉。捕苗方法以鳝笼诱捕和手捉为好。每年 4～10 月，特别是闷热天或雷雨后，出来活动的黄鳝最多，且晚间多于白天。可于晚上 9～10 时或者雷雨过后，将鳝笼放在稻田或浅水沟渠中经常有黄鳝活动的地方，几个小时以后将鳝笼收回，就可以捕捉到鳝苗。

23. 用鳝笼捕捉野生鳝苗时要注意什么?

用鳝笼捕捉鳝苗时,要注意两点:一是最好用蚯蚓作诱饵,每只笼子一晚上取鳝苗一次;二是捕鳝笼放入水中的时候,一定要将笼尾稍稍露出水面,以便鳝苗在笼子中呼吸空气,否则会闷死或得缺氧症。黎明时将鳝笼收回,将个体大的黄鳝出售,小的留作鳝种。用这种方法捕到的鳝苗,体健无伤,饲养成活率高。

24. 如何抄捕野生鳝苗?

这种方法是用三角抄网或捞海在河道或湖泊生长水花生的地方抄捕鳝苗。在长江中游地区,每年5~9月是黄鳝的繁殖季节。此时,自然界中的亲鳝在水田、水沟等环境中产卵。刚孵出的鳝苗体为黑色,其有相对聚集成团的习性。每年6月下旬至7月上旬在有鳝苗孵出的水池、水沟中放养水葫芦引诱鳝苗,捞苗前先在地面铺一密网布,用捞海或抄网将水葫芦捞到网布上,使藏于水葫芦根须中的鳝苗自行钻出到网布上(图3-1、图3-2)。

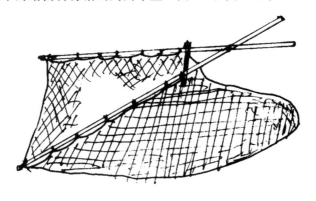

图 3-1　抄网

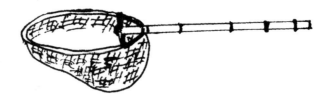

图 3-2　捞海

25. 如何用食饵来诱捕野生鳝苗?

在每年的 6 月中旬,利用鳝苗喜食水蚯蚓的特性,在池塘、水池靠岸处建一些小土埂,土埂由一半土、一半牛粪拌和堆成,这样小土埂便能长出很多水蚯蚓,自然繁殖的鳝苗会钻入土埂中吃水蚯蚓,这时可用筛绢小捞海捞取鳝苗。

26. 如何捞取天然受精卵来孵化?

对于农村养鳝户来说,黄鳝的人工繁殖有一定的操作技术难度,单纯依靠人工繁殖来获得黄鳝苗种不是十分保险。所以,在黄鳝自然繁殖季节从野外捞取受精卵,再进行人工集中孵化,这种方法成本较低,而且获得鳝苗的数量较多。在 5～9 月,于稻田、池塘、水田、沟渠、沼泽、湖泊浅滩杂草丛生的水域及成鳝养殖池内,寻找黄鳝的天然产卵场,也就是要寻找漂浮在水面的泡沫团状物,这就是黄鳝受精卵的孵化巢,发现产卵场后,应立即捕捞,用布捞海、勺、瓢或桶等工具将卵连同泡沫巢一同轻轻捞取,暂时放入预先消毒过的盛水容器中,然后放入水温为 25～30℃的水体内孵化,以获得鳝苗。

27. 培育黄鳝苗种有什么意义?

在自然界中的野生黄鳝,它们的苗种在存活过程中,受许多因素的影响,例如被敌害吞吃,受水质污染、农药的药害,还有其他环境的变化等,导致其成活率非常低。为了提高黄鳝苗种的成活率,保证鳝苗的快速生长,为人工养殖提供更多的优质鳝苗,因而需要专门建池培育。还有一个重要原因就是在苗种培育过程中,可以强化对野生苗种的驯食训练,这对于大规模的人工养殖非常重要。

28. 刚孵出的黄鳝仔鱼需要的营养从哪来?

黄鳝仔鱼刚孵出的几天里,仍然靠卵黄囊维持生命,鳝苗孵出 5～7 天时全长约达 28 毫米,此时卵囊完全消失,胸鳍及背部、尾部的鳍膜也消失,色素细胞布满头部,使鱼体呈黑褐色,消化系统基本上发育完善并开始自行觅食,仔鱼能在水中快速游动并摄食水蚯蚓。

29. 鳝苗期的食性有什么特点?

鳝苗的食谱较广,此阶段鳝苗主要摄食天然活体小生物,如大型枝角类(俗称红虫)、桡足类、轮虫、水生昆虫、水蚯蚓、孑孓、硅藻和绿藻等,特别喜食的水生活体小动物是水蚯蚓、枝角类和桡足类等。随着身体不断增长，鳝苗的食性也会发生一点点的改变，慢慢地喜食陆生蚯蚓、黄粉虫和蝇蛆等，同时开始摄取较大型的饵料动物，如米虾、蝌蚪，也兼食一些植物性饵料，如硅藻、绿藻等。

30. 鳝苗会相互蚕食吗？

鳝苗虽小，但长到一定程度时也有了成鳝的一些基本特性，例如相互蚕食性。研究表明，全长 10～20 厘米的性腺未成熟的鳝苗，已具蚕食同类的习性，它们不但可以吞食更小的鳝苗，还吞食鳝卵，所以在人工培育时要注意防止这种蚕食行为的发生。

31. 鳝苗在不同的季节里摄食的饵料一样吗？

在一年四季的鳝苗培育过程中，对黄鳝苗前肠内容物的解剖中发现，泥沙成分以春季所占比例最大，腐屑也以春季所占比例最大，而生物饵料则均在夏、秋季所占比例最大，这也说明夏、秋两季是黄鳝种苗的摄食旺季。

32. 鳝苗的生长速度快吗？

黄鳝种苗的生长速度与饵料的丰歉有直接的关系，在饵料充足的情况下，生长速度相当快。刚孵出的鳝苗体长 1.2～2 厘米，孵出 15 天体长可达 2.7～3 厘米，经 1 个月的饲养可长到 5.1～5.3 厘米。

33. 黄鳝苗种的培育包括几个阶段？

黄鳝苗种的培育包括黄鳝幼苗的培育和鳝种的培育。幼苗培育就是将刚孵出的幼苗培育到体重 5 克左右的小鳝种，鳝种的培育是将 5 克左右的小鳝种培养到 20 克左右的大规格鳝种。由于这两个阶段是有机连接在一起的，故本文将两者放在一起讲述。

34. 如何准备苗种培育池？

黄鳝苗种培育可采用土池、水泥池、网箱等方式，水泥池可分为有土和无土两种。但是在生产实践中，用得最多的还是小水泥池，水泥池以小为宜，通常面积不超过 10 米^2，池深 30～40 厘米，水深 10～20 厘米，水池应设进、排水口，并用密网布罩住。上沿应高出水面 20 厘米以上，池底铺有机质较多的黏土 5～10 厘米。此外，水泥池要有防逃的倒檐。

培育鳝苗的小池对环境的要求主要包括周围环境安静、避风向阳、水源充足且便利、进排水方便、水质清新良好无污染。

35. 为什么要准备苗种分养池?

鳝苗培育过程中,生长速度差异很大,而当鳝苗的大小不一时,会出现大吃小、强凌弱的现象,因此在准备好鳝苗池外,还要准备几个分养池。随着个体的长大,鳝苗对水体的空间要求也大一些,通过分级培育可解决大小个体争食问题,也可避免大小个体的相互蚕食现象的发生。

一般来说,幼鳝出膜后的头几天鳝苗全长13毫米左右,这时不需要分池;经过一段时间的生长后,体长达到2~3厘米时,可以进行第一次分池饲养,分池后的鳝苗放养密度为400尾/米²;当鳝苗全长达到4.5厘米左右时,再一次分池过筛,密度降低为250~300尾/米²;当鳝苗长到8厘米以上时,再分池过筛将密度降低为100~200尾/米²,或直接转入成鳝养殖池中进行大规格饲养。在分养时首先检查鳝苗的质量,然后分级,一般分大中小三级,方法是:把小规格的和大规格的分别放在各自桶中,留下中等规格的。再按不同的规格在不同的分养池进行不同的饲养与管理。分养时动作应该尽量迅速,减少黄鳝苗种离水的时间。

36. 培育池里还需要其他的培育设施吗?

能够用来培育鳝苗的设备较多,如水桶、水缸和瓷盆等盛水容器都可用来培育鳝苗,尤其适合小规模的培育,但必须在室内进行,到了培育后期需移至室外水泥池中。容器内要放入经消毒的丝瓜筋、砖头、瓦块、小石块、杨树须,垒起的石块留一些缝隙供鳝苗栖息藏身。放入石块后,注水5厘米左右,水到容器顶端的距离保持在10厘米以上,有时池面还需要放养根须丰富的水葫芦。

37. 如何清整培育池塘?

冬季排干池水,清除多余的淤泥(保留20~30厘米厚)暴晒池底。在放苗前10~15天,再一次清整培育鳝苗的土池,即清除塘底多余的淤泥,修补漏洞,疏通进、排水道,然后注入部分水(土池注水10厘米,水泥池注水5厘米)。选择晴天,用生石灰化水泼洒消毒,每平方米用量为100~150克,以杀灭敌害生物,放苗前3~5天注入新水备用。鳝苗培育池宜选用小型水泥池。

38. 如何对水体进行培肥?

为了让黄鳝苗种在进入培育水体后,就能摄食到适口的浮游生物,必须对水体进行培肥，可投放 0.2 千克/米² 的熟牛粪或 0.15 千克/米² 的发酵鸡粪，以培肥水质。为加强效果，可同时施尿素 0.15～0.20 千克/池，用来培肥水质。几天后，水体中的浮游生物数量即可达最高峰，可为黄鳝幼体提供部分喜食的活饵料，此时下苗，有利于鳝苗的顺利生长。

39. 放养鳝苗时如何测试水质？

在计划放苗的前一天，对水质进行余毒测试，以确定水中生石灰的毒性是否消失。原则上是用鳝苗试毒，实际生产中常用小野杂鱼如麦穗鱼、幼虾（青虾）等代替鳝苗，放于网袋里置于水中，12 小时后取出检查，若发现野杂鱼未死亡且活动良好，说明水质较好，可以放苗。

40. 何时放养鳝苗鳝种最好？

一般情况下种鳝产卵 10 天后鳝苗即会孵出。刚出膜的鳝苗全长 11～13 毫米，靠卵黄囊提供营养，10 天左右卵黄囊消失时全长可达 28 毫米，出膜 5～7 天即可用小抄网轻轻捕捉转入培育池中专池培育。同池中放养同批孵出的鳝苗且规格整齐一致。

养殖者也可以黄鳝的生长特性进行温度推算来确定放养日期，由于鳝苗的身体比较虚弱，需要稳定的温度条件做保障，因此为慎重起见，初养者一般在每年的 6 月 25 日以后放苗为好，此时气温基本稳定在 30℃ 以上，并且晴天早上的空气温度和水温基本持平，这样能最大限度地避免黄鳝因离水时间过长产生温差而感冒。第二年技术成熟之后，稍微提前到 5 月 20 日左右，延长吃料时间，可以明显增加经济效益。

鳝种的放养与鳝苗的放养有一点区别。鳝苗经过精心饲养，当年可长成体重 20 克以上的幼鳝种，这时就要分池培育。鳝种池的清整方法同鳝苗池清整方法一样。只是放养时间要提前，这样可以为当年养殖成鳝提供更多的生长时间，有利于黄鳝的快速生长。每年 3 月底至 4 月初放养，密度视养殖条件和技术水平而定。

41. 鳝苗鳝种的放养密度有什么讲究？

在小型池塘里培育鳝苗时，放养的密度以 100～200 尾/米² 为宜。如果是在水泥池中培育，密度可以更高，以 400～500 尾/米² 为宜。当然具体的放养量还要看鳝苗的质量来定，一般原则是苗规格小少放，规格大多放；放苗日期早就少放，放苗日期晚就多放。

鳝种的放养密度为 80～160 尾/米²。要求体质健壮，体表无伤，大小规格整齐。

42. 如何放苗?

放苗期间应该多关注天气情况，放苗时的天气必须选择连续晴天的第二天，上午把苗运回家后，放在阴凉的地方，先在容器内培养 2～3 天，由于仔鳝苗对环境的适应能力较差，在入池前，先将运输容器内的水温调整与培育池的水温相近（温差不超过 2℃），再将鳝苗移入育苗池（图 3-3）。

图 3-3　幼鳝到达池塘后的温度调整示意图

鳝种在放养时一定要轻拿轻放，同池养的鳝种规格大小要一致，黄鳝的苗、种只要放入另一水体，就要消毒。一般用 1％～3％食盐水浸泡 10～15 分钟；或用高锰酸钾，每立方米水体用量 10～20 克，浸泡 5～10 分钟；或用聚维酮碘（含有效碘 1％），每立方米水体用量 20～30 克，浸泡 10～20 分钟；或用四烷基季铵盐络合碘（季铵盐含量 50％），每立方米水体用量 0.1～0.2 克，浸泡 30～60 分钟。

43. 在鳝种培育池里能放养泥鳅吗?

泥鳅活泼好动，在鳝种培育池中放养少量泥鳅，对增加池塘水中溶氧，防止黄鳝相互缠绕和清理黄鳝残饵能起到一定的作用，因此在鳝种培育阶段我们建议放养少量泥鳅。但是由于泥鳅抢食快而黄鳝吃食较慢等原因，在鳝鳅混养时要注意以下几点：一是泥鳅的快速抢食会给黄鳝苗种的正常驯食带来困难，会造成驯食不成功，因此在投喂时可以先让泥鳅吃饱，再喂黄鳝。二是投放的泥鳅规格一定要小，数量要少，达到目的就可以了，如果泥鳅规格大，它不但会和黄鳝争食，还可能会以大欺小甚至撕咬、吞食更小的鳝种。

44. 鳝苗分养前如何喂养？

刚孵化出的仔苗不能摄食，主要靠吸收卵黄囊的营养来维持生命，这期间可不投喂食物。鳝苗孵出5～7天，消化系统发育完善，卵黄囊已基本吸收完，此时鳝苗开始自己自由觅食。鳝苗的食谱广泛，但主要摄食天然活体小生物，如大型枝角类、桡足类、水生昆虫、水蚯蚓和孑孓等，最喜食水蚯蚓和水蚤。开口饵料以水蚯蚓为佳，所以在鳝苗放养前，必须用畜禽粪培育水质，培育大型浮游动物，还要引入水蚯蚓种，以繁殖天然活饵供鳝苗吞食，也可用细纱布网捞取枝角类、桡足类投喂。还可将煮熟的鸡蛋黄用纱布包好，浸在水中轻轻搓揉，鳝苗可取食流出的蛋黄液。最初每3万尾约投喂一个鸡蛋的蛋黄，以后逐步增加，以"吃完不欠，吃饱不剩"为宜。以后逐步增加投喂水蚤、水蚯蚓、蝇蛆及切碎的蚯蚓、河蚌肉等。可将蚯蚓等动物打成浆，浆要打细混入蛋黄中，最初可先按总量的10％加入，以后逐步增加。

也有不少养殖户认为鳝苗开口的最佳饲料为水蚯蚓和蚯蚓，接着喂蝇蛆。这样喂养的幼鳝，生长健壮。在投喂过程中，以动物性饵料为主，但也要不断加入一定比例的植物性饵料，特别在喂养后期，搭配一定数量的麸皮、米饭、瓜果、菜屑、豆饼及糟粕等很有必要。饵料中以蚯蚓为最佳，每5～6克蚯蚓能增长1克鳝肉。对于整条的蚯蚓，鳝苗难以摄食，最好的办法是将蚯蚓剁碎投喂。若鳝苗咬住食物在水面旋转，则说明食物过大，可再切细一点。黄鳝不吃腐臭食物，变质的残饵要及时清理。要定时、定质、定量投喂，开始时每天下午4～5时或傍晚投喂饲料1次，以后逐日提前，10天后就可在每天上午9时或下午2时准时投饵，日投量为鳝鱼体重的6％～7％。随着身体的生长，饵料也应不断增加。一般来说，以所投喂的饵料2～3小时内吃完为宜。投饵最好全池遍洒，以免鳝苗群集争食，造成生长不匀。待身体长至一定长度时（3厘米以上），摄食能力较强，应训练鳝苗养成集群摄食的习性，实行集中在食场或食台投喂。

要注意的是投喂的活饵料及肉食性饵料，如蝇蛆、鱼肉和动物内脏、畜禽下脚料等，一定要用3％～5％的食盐水浸泡20～30分钟；或用每立方米水体20克高锰酸钾溶液浸洗活饵，再用清水漂洗。彻底消毒，杀死病原体，以免影响鳝苗正常生长发育。

45. 鳝苗分养后如何喂养？

分养后可以立即投喂剁得很细碎的蚯蚓、动物内脏、河蚌肉、蝇蛆和杂鱼肉酱，也可少量投喂麦麸、米饭、瓜果和菜屑等食物。日投2次，上午8～9

时、下午 4～5 时各投喂 1 次，日投饲量为鳝鱼体重的 8%～10%；第二次分养后，可投喂大型的蚯蚓、蝇蛆、动物内脏、屠宰厂下脚料及其他动物性饲料，也可喂鳗鱼种配合饲料，鲜活饲料的日投量为鳝鱼体重的 6%～8%。当培育到 11 月中下旬，一般体长可达到 15 厘米以上，此时如果水温下降至 12℃左右，鳝种停止摄食，钻入泥中越冬。生产中在适温情况下多喂、勤喂，在水温 5℃以下摄食量下降，可少喂；在雨天，要待雨停后投喂。在动物饲料缺乏时也可辅以米糠、细麸皮、米饭、小浮萍等植物性饲料。

46. 培育鳝苗时如何调节水质?

清爽新鲜的水质有利于黄鳝苗种的摄食、活动和栖息，混浊变质的水体不利于种苗生长发育。黄鳝苗种培育池要求水质"肥、活、嫩、爽"，水中溶解氧不得低于 3 毫克/升，最好在 5 毫克/升左右。由于鳝池的水比较浅，一般有土的只保持在 30 厘米左右，无土的水位在 80 厘米左右。饲料的蛋白质含量高，水质容易败坏变质，不利于鳝苗摄食生长。

水质调节的主要内容一是要使池水保持适度的肥度，能提供适量的饲料生物，以利于鳝苗生长；二是为了防止水质恶化，适时将老水、混浊的水换出，再注入部分新鲜水，在生长季节每 10～15 天换水 1 次，每次换水量为池水总量的 1/3～1/2，盛夏时节（7～8 月）要求每周换水 2～3 次，要每天捞掉残饵；三是适时用药物，如用生石灰等调节水质；四是种植水生植物来调节水质；五是在后期的饲养过程中，由于排泄量太大，不但要采用长流水方法还要经常泼洒 EM 菌液，这样才能营造出一个水质优良的鳝苗生长环境。

47. 如何解救打桩的鳝苗?

培育黄鳝苗种要坚持早、中、晚各巡塘 1 次，检查苗种生长生活状态，清除剩饵等污物。每当天气由晴转雨或雨转晴，或天气闷热时，或当水质严重恶化时，鳝苗前半身直立水中，将口露出水面呼吸空气，俗称"打桩"，这是水体缺氧之故。发现这种情况，必须及时加注新水解救。如果能预先掌握天气变化情况，凡在这种天气的前夕，都要灌注新水。

48. 培育鳝苗要着重做好哪些日常管理工作?

一是做好开口饲料的准备工作，鳝苗最好的开口活饵料是水蚯蚓，因此，有条件的养殖户，可先在培育池中引进、繁殖水蚯蚓。

二是投饵要定时定量，投饵过多，黄鳝苗种贪食会胀死，饵料不足，会影响生长。根据黄鳝夜间觅食的习性，投饵应在日落前 1 小时左右。

三是要勤换池水，保持池水清新，尤其是在高温季节要增加换水次数，换水温差小于3℃，要及时清除残饵，以免腐烂败坏水质。另外可在培育池1/2面积中种植水浮莲、水葫芦等水生植物，以遮挡阳光，调节水温。

四是由于黄鳝对饵料有选择性，一旦习惯于某种饵料后，很难改变它的食性。因此，在苗种培育阶段，要做好驯饵工作，养成混合吃食的习性。

五是要加强培育池的管护工作，不要往培育池中投烟头、化肥、农药等有毒性物质，防止黄鳝苗种中毒死亡。

49. 在培育鳝苗时应防止哪些动物危害？

对黄鳝危害较大的是老鼠，网箱养殖时老鼠经常咬箱咬鳝，鳝体被咬伤后容易感染生病，网箱被咬破鳝苗容易逃跑。冬季池塘或网箱中的冬眠鳝，鳝体不活跃更容易被老鼠伤害，大鳝被咬尚可救治，小鳝种被咬几乎没有活命的可能。此时，应特别注意防止老鼠为害。另外，养鳝池池水较浅，容易被蛇、鸟和牲畜、家禽猎食，也应采取相应措施予以防范。

50. 鳝苗逃逸有哪些途径？

在黄鳝苗种培育过程中，如果措施不力也会发生鳝苗大量逃跑的事件，从而给苗种培育带来影响。根据生产实践中的经验，黄鳝逃跑的主要途径有：一是连续下雨，池水上涨，鳝苗随溢水外逃；二是排水孔拦鱼设备损坏，鳝苗从中潜逃；三是从池壁、池底裂缝中逃遁。因此，要经常检查水位、池底裂缝及排水孔的拦鱼设备，及时修好池壁。

51. 网箱养鳝应如何防止黄鳝逃跑？

网箱养鳝时箱衣要露出水面40厘米，冬季至少20厘米。箱衣露出太少黄鳝可顺着箱沿逃跑。另外，网箱养鳝的箱水平面最易被老鼠咬洞，只要有洞，黄鳝就会接二连三地逃跑，因此，需不断检查，及时补好洞口，堵塞黄鳝逃跑的途径，并想办法消灭老鼠。

52. 为什么要对野生黄鳝苗种进行驯养？

许多黄鳝养殖户在人工繁殖苗种不足时采用野生苗种作为补充。野生黄鳝苗种具有野性十足、摄食旺盛、抗病力强的优点，尤其是喜欢捕食天然水域中的活饵料，但一般不肯吃人工投喂的饲料。要使其适应人工饲养的环境，必须经过一个驯饵的过程，否则会导致养殖失败。对于小规模低密度养殖，可以投喂蚯蚓、小杂鱼、河蚌、螺类、昆虫等新鲜活饵料，不需要过多地进行驯养。

但是大规模人工养殖时，再用小杂鱼、河蚌等饵料投喂，显然有弊病，如饵料难以长期稳定供应、饵料系数高等。因此必须对苗种进行人工驯养，让苗种适应黄鳝专用的人工配合饲料，从而达到大规模养殖的目的。这些专用饲料，具有摄食率高、增重快、饲料系数低等优点。

53. 为什么要对鳝苗驯食？

一句常常挂在黄鳝养殖专业户嘴边的话是："如果黄鳝驯食成功了，那么黄鳝的人工养殖基本成功了一半。"黄鳝的驯食就是驯化黄鳝吃配合饲料的过程，一旦让黄鳝吃配合饲料，就可以使黄鳝的营养更加全面、均衡，同时也为黄鳝的规模养殖提供了良好的物质基础。可以说黄鳝人工驯食，是衡量黄鳝人工养殖成功与否的一个重要标志。

54. 如何配制野生鳝苗的驯饵？

将野生鳝苗捕捉入池后，前 1～2 天先不投饲，然后将池水排干，加入新水，待鳝鱼处于饥饿状态时，可在晚上进行引食。接下来的 5 天里先用黄鳝爱吃的动物性饵料投喂，可选用新鲜蚯蚓、螺蚌肉、蚕蛹、蝇蛆、煮熟的动物内脏和血粉、鱼粉、蛙肉等，经冷冻处理后，用绞肉机加 6～7 毫米模孔加工成肉糜。肉糜加清水混合，然后均匀泼洒。每天下午 5～7 点投喂 1 次，投喂量控制在黄鳝总重量的 1％范围内。这种投喂量远低于黄鳝饱食量，因此黄鳝始终处于饥饿状态，以便于建立黄鳝群体集中摄食条件反射。

5 天后，开始慢慢驯食专用配合饵料，由于饲料厂生产的专用饲料还不能直接投喂，必须进行调制，先用黄鳝专用饲料 35％加入新鲜河蚌肉浆（3～4 毫米绞肉机加工而成）65％和适量的黄鳝消化功能促进剂，手工或用搅拌机充分拌和成面团状，然后用 3～4 毫米模孔绞肉机压制成直径 3～4 毫米、长 3～4 毫米的软条形饵料，略为风干即可投喂。5 天后调整配方，将专用配合饲料的含量提高 10％左右，同时将蚌肉糜的含量下降 10％左右，就这样慢慢地增加专用饲料的比例，直到最后让野生黄鳝完全适应专用配合饲料。

55. 什么是黄鳝的雄化技术？

黄鳝的雄化技术也叫性别控制技术，也就是人为地对黄鳝进行性别控制的一种方法。一般利用性激素就能诱导黄鳝的性别向人们希望的方向发展。控制性别的技术在国外已应用很多年了，技术上已经十分成熟，但在国内该技术仅停留在实验室水平上，生产上尚无有关的报道，并且国家相应的标准尚未完善。人们在实践中发现，用雄性激素甲睾酮处理黄鳝鱼苗，可获得 99％以上的雄性鱼，而经过处理的鱼类因性别单一，密度固定，不仅生长快，而且成本低，一般可增产 30％左右，这对于生产养殖是非常有好处的。所以说黄鳝雄化是一种新兴技术，也是很有潜力的技术。

56. 什么是黄鳝的性逆转特性？

从每年 5 月一直到 8 月，雌雄黄鳝交配产卵，6 月开始孵化直到 9 月；7～10 月间鳝苗发育生长，到第二年 2 月间稚鳝长成幼鳝并越冬；第二年 2～5 月成鳝生长发育，开始第一次性成熟为雌鳝，5 月以后进入交配产卵。产卵后的雌鳝从 7 月到第三年 4 月间继续生长发育，卵巢渐变为精巢，到第三年 5 月以后第二次性成熟成为雄鳝，以后终身为雄鳝不再变性。这就是黄鳝具有特殊的性逆转特性。

57. 黄鳝雄化有什么意义？

黄鳝具有特殊的性逆转性，在较小阶段时为雌性，而雌鳝为了完成生育的任务，会加快它的性腺发育，从而导致它所摄取的营养有相当一部分是用于性腺发育，因此生长的速度就慢了，长的个头就小了，养殖户的收益也就低了。如果采取相应的技术手段，对它们进行雄化育苗，则可明显加快生长速度，提高增重率。实践表明，黄鳝在雌性阶段生长速度只有逆变成雄性阶段的 30％左右，也就是雄黄鳝的生长速度及增重率比雌性提高一倍以上。因此在生长较慢的鳝苗阶段喂服甲睾酮，使其提前雄化，可较大幅度提高鳝鱼养殖产量，取得显著的增值效益和良好的经济效益。

58. 黄鳝雄化对象、时机有什么讲究？

适宜进行黄鳝苗种雄化的对象是有讲究的，一是以专育的优良品种为佳，在鳝苗自腹下卵黄囊消失的夏花苗阶段施药效果最好，这时雄化周期最短，效果最明显；二是个体单重达 20 克的幼苗期开始雄化效果也不错，但用药时间要长一些，效果比第一种略差一点；三是如果已经丧失了最佳的雄化时期，也有补救措施，就是当黄鳝体重达到 50 克以上已经是青年期时，也可以对黄鳝进行雄化，但是雄化的时间通常是在入秋时才能进行，而且开春以后还要用药10 天左右，效果才明显；四是有部分科研人员和养殖户也对 100 克以上的黄鳝施药，促其加速向雄性逆转，但是我们认为这个时期不必要再对黄鳝进行雄化处理了，因为 100 克以上的黄鳝在许多地方已经可以食用了，不必要承担喂药的风险，另一方面这种规格的黄鳝都会处于产卵盛期，而产卵期是不宜施药的，所以效果并不好。

59. 黄鳝雄化时如何施药?

根据黄鳝苗种不同的生长阶段而采取不同的施药方法。对于黄鳝夏花苗种阶段进行施药雄化时,在施药前先对黄鳝苗种作健康检查,然后放干池水,再冲进新水,接着两天不投食,先让黄鳝饿一下,到第三天开始投喂。取熟蛋黄调成糊状,按每两只蛋黄加入含甲睾酮 1 毫克的酒精溶液 2.5 毫升,充分搅匀并稀释后均匀泼洒投喂黄鳝,投喂量以不过剩为准,投药期食台面积应比平时要大些,以免争食不均。连续投喂一周后,改喂蚯蚓磨成的肉浆,同时加入药物,此时用药量增加到每 50 克蚯蚓用 2 毫克甲睾酮,在添加蚯蚓肉浆前要先用 5 毫升酒精将甲睾酮充分溶解并添加蚯蚓肉浆搅拌均匀后投喂,这样连续投喂 15 天后就可以停药了,这时基本上就可以达到雌性雄化的目的。经此夏花施药雄化处理后的鳝鱼,一般不会再有雌性状态出现。为了保险起见,在生长一段时间,当黄鳝个体增重至 8~10 克时,再按上面的方法和药物剂量继续施药 15 天,效果就非常明显了。

如果错过了夏花阶段,还有一个雄化的时期,那就是当黄鳝个体重 15 克以上时,这时也可以进行雄化,雄化的技术与上述的基本相同,只是这时的用药量为 500 克活蚯蚓拌甲睾酮 3 克,而且需要连续投喂一个月才能达到完全雄化的效果。

60. 黄鳝雄化时要注意哪些要点?

一是雄化时不宜选用野生品种。实践表明,雄化对象以专门培育的优良品种为最好,这样的黄鳝单体年增重量可达 350 克,而野生品种的增重不明显,没有明显的经济效益。

二是用药量不宜一次过大,要循序渐进,慢慢地增大用药量,可逐步增至允许量。

三是为了确保每尾黄鳝都能吃到食物,要求投喂时食台面积要大些,以免有的黄鳝吃不到食物,而有的黄鳝则集中在一起相互争食甚至撕咬,从而造成伤害。

四是在雄化期间,专用的养殖池内不宜施用消毒剂,但可适量施用生石灰来改善水质,生石灰的用量在春秋时为 5~10 毫克/升,而在夏季则为 10~20 毫克/升。施用前可在泥土中插一些洞,以利有害气体排出。

五是经雄化后的良种鳝食量会大大增大,此时的投食量增加为黄鳝体重的 10%,其饲料转化率及增重率也会显著提高。生产实践表明,3 千克大平二号鲜蚯蚓可增重 0.5 千克鳝肉,2 千克黄粉虫可增重 1 千克鳝肉,7 个月可催肥出售。因增重速度快，鳝体提早雄化粗壮，从而提高了抗病力，大大增强了密养效率。

61. 给黄鳝喂避孕药是真的吗？

首先，为了促进黄鳝雄化，充分发挥雄性黄鳝生长的优势，从而让它长得更快更大，确实是给黄鳝喂了药。

其次，要说明的是，这种药叫甲睾酮，它不是避孕药，而是一种性刺激激素，主要是对雌性起性抑制作用的。甲睾酮经胃肠道和口腔黏膜吸收，具有促进雄性性器官的形成、发育、成熟，并对抗雌激素，抑制子宫内膜生长及卵巢垂体功能。

再次，就是为了安全起见，在开始雄化时，用药量不大，以后逐步增加，但是所有的用药量都是控制在允许的添加量范围内。

第四，就是鳝体和人体对药物都有一个自我解毒和排毒的功能，因此，只要在停药期内进行科学管理，人们食用后是没有危害的。

最后，就是黄鳝养殖使用甲睾酮，在社会上可能（在某种程度上已经）有一些不同的见解。为了消除人们对这一问题的担心，也是为了保证食品的安全，养殖期间对 100 克以上的黄鳝尽量不再用药，100 克以上的黄鳝用药的效果也不明显，而且在黄鳝捕捉期的两个月前一定要停药观察。所有的用药时间和用药浓度必须保留档案。

第四章　黄鳝活饵料的培育

1. 用活饵料驯食黄鳝的效果好吗?

生产实践证明,利用鲜活的饵料来对黄鳝进行驯食效果非常好。以蚯蚓、黄粉虫为代表的活饵料,它们的体内均含有特殊的气味,驯食黄鳝的效果极佳,在黄鳝体内易消化,而且养殖黄鳝成活率较高。在人工养殖鳝鱼时,刚从天然水域中捕获的野生鳝鱼具有拒食人工饵料的特点,因此驯饵是养殖成功的关键技术。通常先用鲜活的蚯蚓或黄粉虫投喂黄鳝,再用蚯蚓粉、黄粉虫粉拌饵投喂来驯食黄鳝吃人工饵料,效果明显,成功率极高。

2. 用活饵料养殖的黄鳝有哪些特点?

黄粉虫、蝇蛆、蚯蚓是黄鳝主要的动物蛋白质饲料,黄鳝吃了这些天然活饵后,不但生长迅速,体质健壮,疾病少,成活率高,而且成鳝的口味纯正,口感极佳,肥而不腻,接近天然环境下生长的产品,特别是没有特殊的泥土味,市场价格坚挺,因此在开发黄鳝养殖尤其是工厂化养殖时,必须解决活饵料的培育与供应问题。

3. 活饵料能作为黄鳝饲料添加剂吗?

蚯蚓、黄粉虫等活饵料体内含有丰富的赖氨酸、苏氨酸和含硫氨基酸,这些氨基酸都是谷物蛋白质所缺乏的,另一方面这些活饵料同时含有丰富的促生长物质、酶、激素等也是谷物蛋白质所缺乏的,因此在进行人工培育活饵料时,如果产品比较多,除了用鲜活的活饵直接投喂给黄鳝外,还可以将它们进行干燥、制粉后,作为添加剂添加到配合饲料中,这样可以起到与谷物饲料互补的作用。据相关资料报道,用黄粉虫粉添加的饲料可以替代进口鱼粉。

4. 黄鳝活饵料的来源有几种途径?

黄鳝最喜欢吃的是活饵料,要能保证在其生长期有足够的活饵供给。养殖户要因地制宜,根据本地区的情况安排不同季节的饵料供给。通常情况下,黄鳝活饵料的来源主要有以下几种。

一是养殖"茬口"的合理安排。通过食物链的转化为养鳝提供部分饲料，早春时在黄鳝池中引进一些蟾蜍，培育小蝌蚪或放一些白鲫、泥鳅，既可以缓解鳝鱼缠绕在一起引发死亡的危险，又可以自行繁殖解决部分饲料。

二是捞取活饵。主要是在小溪、沟渠、湖泊中捕捞杂鱼、虾、螺、蚌等。捕得的小鱼、小虾经切碎后投喂，螺蚌类则去壳后取肉切细或绞碎作补充饲料源。还可以在每天清晨，到小沟或水比较肥的水塘内用密布网捞取水蚤、轮虫等活饵。

三是养殖池里套养。例如在黄鳝的养殖池里四周挂若干个竹笼，笼眼网4～6目，将一定数量的种螺封闭于笼中，将螺笼2/3浸于水中，繁殖的幼螺大部分从笼眼中爬出，可为黄鳝摄食。

四是寻找活饵。这类活饵主要是蚯蚓等。

五是培育活饵。这是目前小规模养殖黄鳝活饵的主要来源，通过人工培育蚯蚓、蝇蛆、黄粉虫、河蚌等活饵。

5. 如何捕捞与保存水蚯蚓？

天然水域中水蚯蚓的聚集有季节性变化，但不太明显。捞取水蚯蚓时，要带泥团一起挖回，装满桶后，盖紧桶盖，几小时后打开桶盖，可见水蚯蚓浮集于泥浆表面。水蚯蚓取出后要用清水洗净才能喂养鱼类。取出的水蚯蚓在保存期间，需每日换水2～3次，在春秋冬三季均可存活1周左右。保存期间若发现虫体色变浅且相互分离不成团，蠕动又显著减弱，即表示水中缺氧，虫体体质减弱，有很快死亡腐烂的危险，此时应立即换水抢救。在炎热的夏季，保存水蚯蚓的浅水器皿应放在自来水龙头下用小股细流水不断冲洗，才能保存较长时间。（图4-1）

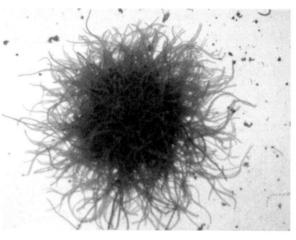

图 4-1 水蚯蚓

6. 如何人工培育水蚯蚓?

建池。首先要选择一个适合水蚯蚓生活习性的生态环境来挖坑建池，要求水源良好，最好有微流水，土质疏松、腐殖质丰富的避光处。面积视培养规模而定，一般以 3～5 米² 为宜，最好是长 3～5 米，宽 1 米，水深 20～25 厘米，两边堤高 25 厘米，两端堤高 20 厘米。池底要求保水性能好或敷设三合土，池的一端设一排水口，另一端设一进水口。进水口加设牢固的过滤网布，以防敌害进入，池边种丝瓜等攀缘植物遮阳。

制备培养基料。制备优质的培养基，是培育水蚯蚓的关键，培养基的好坏取决于污泥的质量。选择有机腐殖质和有机碎屑丰富的污泥作为培养基料。培养基的厚度以 10 厘米为宜，同时每平方米施入 7.5～10 千克牛粪或猪粪作基底肥，在下种前每平方米再施入米糠、麦麸、面粉各 1/3 的发酵混合饲料150 克。

引种。每平方米引入水蚯蚓 250～500 克为宜，若肥源、混合饲料充足时，多投放种蚓，产量更高。一般引种后 15～20 天即有大量幼蚓密布土表，刚孵出的幼蚓长约 6 毫米，像淡红色的丝线，当见到水蚯蚓环节明显呈白色时即说明其达到性成熟。

饵料投喂。用发酵过的麸皮、米糠作饲料，每隔 3～4 天投喂一次，投喂时，要将饲料充分稀释，均匀泼洒。投饲量要掌握好，过剩水蚯蚓的栖息环境受污染，不足则生长慢，产量上不去。根据经验，精料以每平方米 60～100 克为宜。另外，间隔 1～2 个月增喂一次发酵的牛粪，投喂量为每平方米 2 千克。

采收。水蚯蚓繁殖力强，生长速度快，寿命约 80 天，在繁殖高峰期，每天繁殖量为水蚯蚓种的 1 倍多，在短时间里可达相当大的密度，一般在下种后15～20 天即有大量幼蚓密布在培养基表面，幼蚓经过 1～2 个月就能长大为成蚓，因此要注意及时采收，否则常因水蚯蚓繁殖密度过大而死亡、自溶导致减产。通常在引种 30 天左右即可采收。采收的方法是：在采收前的头一天晚上断水或减少水流，迫使培育池在翌日早晨或上午缺氧，此时水蚯蚓群集成团漂浮水面，可用 20～40 目的聚乙烯网布做成的手抄网捞取，每次捞取量不宜过大，应保证一定量的蚓种，一般以捞完成团的水蚯蚓为度，日采收量每平方米能达 50～80 克。

7. 黄鳝喜欢吃蚯蚓吗?

蚯蚓是一种不可多得的富含蛋白质的高级动物性饲料，也是黄鳝最爱吃的活饵料之一。许多捕黄鳝和钓黄鳝的人都知道，选择饵料首选蚯蚓，这是因为黄鳝对蚯蚓的腥味天生特别地敏感。如果水体中有蚯蚓存在，蚯蚓身上发出的特别的气味能将数十米远的黄鳝吸引，并引发黄鳝兴奋，刺激它捕食的欲望。所以，要成功地养殖黄鳝尤其是成功地驯养野生黄鳝，就有必要先把蚯蚓养好。虽然我们不主张以蚯蚓为主养殖黄鳝，但为了达到顺利开食，驯化吃食配合饲料及增进黄鳝的食欲，我们要求养殖户在开展黄鳝养殖的同时，最好也要人工养殖一定数量的蚯蚓，这是目前解决黄鳝养殖所需蛋白质饵料的一条有效途径。用蚯蚓喂养的黄鳝，其产卵率高、成活率高、发病率低、生长速度快、肉质好。

8. 如何在菜地、果园、桑园饲养蚯蚓？

这些场地土壤松软，土质较肥，有利于蚯蚓取食和活动。在行距间开挖浅沟并投入蚯蚓培育饲料，然后将蚯蚓放入。每平方米投放大平二号蚯蚓 2000 条左右。在菜畦上放养蚯蚓，盛夏季节蔬菜茂盛，其宽大叶面可为蚯蚓遮阴挡雨，且有效地防止阳光直射和水分过度蒸发，平时蚯蚓可食枯黄落叶，遇到大雨冲击时可爬入根部避雨。桑园、果园饲养与菜畦相似，但需经常浇水，防止蚯蚓体表干燥，同时也要防止蚯蚓成群逃跑。这种饲养方法成本低、效果显著，便于推广。

9. 多层式箱养蚯蚓是怎么回事？

这是为充分利用立体空间而推行的一种蚯蚓饲养方式，在室内架设多层床架，在床架上放置木箱。木箱像养殖蜜蜂的蜂箱一样，规格一般为 40 厘米×20 厘米×30 厘米，或 60 厘米×30 厘米×30 厘米，或 60 厘米×40 厘米×30 厘米，箱底和侧面要有排水孔，孔径 1 厘米左右，排水孔除作为排水和通气外，还可散热，借以防止箱中由于饲料发酵而使温度升高得过快过高，引起蚯蚓窒息死亡，内部可以再分 3～5 格，每格间铺设 4～5 厘米厚的饲料来饲养蚯蚓，每立方米可投放大平二号蚯蚓 2500 条左右，在两行床架之间设人行走道，室内保持温度在 20℃左右最适宜，湿度保持在 75% 左右。可以常年生产，但要注意防止鼠患及蚂蚁的危害。

10. 如何建池养殖蚯蚓？

选择遮光、安静之处建蚯蚓养殖池，池深 30～50 厘米，长宽随意。对养殖池的要求是在夏季要能有效地防水、防晒，而在冬季则要保温。池内放些潮湿肥土，湿度 40%（手捏成团，指间出水），pH 为 7。每立方米放养蚯蚓 1000 条左右。池土要求疏松通气。如果是在室外饲养的，冬天用塑料棚保温，使越冬蚯蚓个大、活力强。蚯蚓食性广，以含大量纤维素的有机物为最好，酌情添加烂叶、瓜果等发酵的饲料。其标准为色泽呈黑褐色、无异味、略有土香，质地松软不黏滞。如果养殖土比较瘦，可在池内放 15 厘米厚的粪草混合饲料（60％腐熟的禽畜粪＋40％的稻草或玉米秆）喂养，如仅饲粪以牛粪最佳，鸡粪次之。据报道，用造纸污泥等产业废物作饲料，渗入一定比例的稻草和牛粪制成堆肥，或渗进活性污泥（40％）或木屑（20％），都有良好饲养效果。

11. 如何采集蚯蚓？

当蚯蚓养殖密度达一定规模、个体长到成蚓大小时，或养殖密度超过 5000 条/米³ 时，必须及时地采集。实践证明，合理采集蚯蚓可使全年蚯蚓产量有较大幅度的提高。如果不及时采收会出现大蚯蚓萎缩，产卵停止，卵包被蚯蚓争食的现象。采集的原则是抓大留小、合理密度，即将密度较高、多数已性成熟的蚯蚓采集出来，采集后保持合理的养殖密度以提高繁殖力和繁殖水平。采集少量蚯蚓可用钉耙在阴湿松软表土层中挖掘，大量采集可用以下两种方法。

一是灌水捕捉法。可往蚯蚓生活的洞穴内灌水使其出穴，然后将其抓捕。

二是堆料诱捕法。此法适于大量采集收取成蚓。用旧篮子、竹筛盛甜食、厨房下脚料、烂苹果等，也可将发酵熟透的饲料加 50％泥土混合，堆在蚯蚓多的地方，3～5 天后就有蚯蚓聚集，可采集 7～10 次。

12. 用蝇蛆喂黄鳝有什么作用？

蝇蛆具有较高的营养价值，蝇蛆的营养价值、消化性、适口性都接近鱼粉，因此是黄鳝的优质饵料。据有关资料介绍，粗蛋白含量占 54％～62％，粗脂肪占 13.4％～23％，糖类占 10％～15％，均是饲养常规鱼类和特种水产品的优质高效动物性蛋白饵料。粗蛋白中含有鱼类所必需的氨基酸、维生素和无机盐。蝇蛆可以直接投喂，也可以干燥打粉、制成颗粒饲料投喂。

蝇蛆是苍蝇的幼虫，苍蝇繁殖力强，繁殖周期短，幼虫生长快，只要用较小的地方，就可在短期内繁殖并生产出大量的蝇蛆。培养蝇蛆成本低、见效快、产量高，方法简单，是一种解决黄鳝饲料的较好途径，值得大力推广。

13. 如何用田畦来培育蝇蛆？

田畦培育蝇蛆方法简单，投资小，见效快，收益大，是解决黄鳝养殖饲料的有效途径之一。

选择背风、向阳、温暖、安静和地势较高的地块，北边最好置避风屏障如篱笆等。畦修成长 3～4 米、宽 1～1.5 米，4～5 个为一组呈东西向，畦间埂宽 15 厘米、高 20 厘米，畦底要平坦，用前灌水 3～6 厘米，平整夯实后待用。以鸡粪、牛粪或猪粪少许和一定数量的酱油渣一起做基料（酱油渣成分一般含豆饼 50%、麦麸 30%、玉米面 10%、盐分 3%、水分 5%左右），准备剁碎的新鲜或腐败的屠宰下脚料铺在基料上做诱料或产卵场，引诱苍蝇觅食并产卵，数量以每平方米 1～1.5 千克为最好，可使用少量的尿素和酵母。

铺好诱料后及时淋水，使基料表面含水 65%，然后盖上塑料薄膜，确保基料、诱料有比较稳定的温度、湿度，并注意保持通气及严防暴晒。诱蝇量多少是培育蝇蛆产量的关键，所以诱料在当天 10 点前铺好后，要注意观察诱蝇量及影响诱蝇的因素，随时调整诱料的数量和质量，并增设避风和避强光的屏障，创造苍蝇前来觅食产卵的温度（25℃左右）及背风、温暖的环境条件。在阳光较强的情况下，诱料的表面容易失去水分而干燥，甚至成膜，直接影响苍蝇的觅食、产卵和孵化。为了确保产量和孵化率，在铺畦后的 1～3 天里，一定要注意检查诱料的湿度，保持诱料含水 70%，不足时要随时淋水调节，并注意注入水的水温差要小，以免突然降低温度影响蝇卵的孵化和蝇蛆的生长发育，雨天来临之前要用塑料薄膜盖好，雨后及时撤去，保持培养基料的最佳温度、湿度和氧气。经过 3～4 天的精心培育与管理，蝇卵将培育成蛆虫。

在 6 月中旬后，一般平均气温都在 23℃以上，这时是苍蝇活动、产卵、孵化、发育的适宜时期，若无降温或大雨袭击，培养 4 天后每平方米能育成老熟的蝇蛆 2 千克左右。收获要按照铺基料和撒诱料的时间顺序进行，否则不是蝇蛆太小，就是蝇蛆过老爬出田畦或是钻到较松的泥土里化蛹。具体方法是：利用较强的阳光照射，使培育基料表面升温，逐渐干燥，蝇蛆在光照强、温度高、湿度逐渐减少的恶劣环境条件下，自动由表面向田畦并趋向田畦培养基料底部方向蠕动，待基料干到一定程度时，用扫帚轻轻地扫 1～3 次，扫去田畦表层较干的培养基料，逐步使蝇蛆落到最底层而裸露出来，将蝇蛆收集到筛内，筛去混在其中的残渣、碎屑等物，集于桶内便可作饲料（活饵投喂时应用 3%～5%的食盐水消毒，若留作干喂，用 5%的石灰水杀死风干）投喂。

14. 还有哪些育蛆方法？

引蝇育蛆。夏季选一块向阳地挖成长 1 米、宽 1 米、深 0.5 米的小坑，用砖砌好，再用水泥抹平，用木板或水泥板作为上盖，并装上透光窗，用玻璃或塑料布封住透光窗，再在窗上开一个 5 厘米×15 厘米的小口，池内放置烂鱼、臭肠或牲畜粪便，引诱苍蝇进入繁殖，但一定要注意苍蝇只能进不能出，雨天应加盖，以免雨水影响蝇蛆的生长。蝇蛆的饲料最好采用新鲜粪便。经半个月后，每池可产蝇蛆 6～10 千克，蝇蛆个体大，且肥嫩，捞出消毒后即可投喂。

土堆育蛆。将垃圾、酒糟、草皮、鸡毛等混合搅匀，堆成小土堆，用泥封好，10 天后揭开封泥，可见到大量的蝇蛆在土堆中活动。

豆腐渣育蛆。将豆腐渣、洗碗水各 25 千克，放入缸内拌匀，盖上盖子，但要留一个供苍蝇进去的入口，沤 3～5 天后，缸内便繁殖出大量的蝇蛆。也可将豆腐渣发酵后，放入土坑，加些淘米水，搅拌均匀后封口，5～7 天也可长出大量蝇蛆。

牛粪育蛆。把晾干粉碎的牛粪混合在米糠内，拌污泥堆成小堆，盖上草帘，10 天后，可长出大量蝇蛆，翻动土堆，轻轻取出蝇蛆后，再把土堆堆好，隔 10 天后，又可产生大量蝇蛆。

黄豆育蛆。先从屠宰场购回 3～4 千克新鲜猪血，加入少量枸橼酸钠抗凝结，放入盛水 50 千克的水缸中，再加少量野杂鱼搅匀，以提高诱蝇能力。用一条破麻袋覆盖缸口，扎紧，置于室外向阳处以升高料温。种蝇可以从麻袋破口处进入缸内，经 7～10 天即有蝇蛆长出。再将 0.5 千克黄豆用温水浸软，磨成豆浆倒入缸中以补充缸料，再经 4～5 天，就可以用小抄网捕大蛆了；小蛆仍放回缸内继续培养，以后只要勤添豆浆，就可源源不断地收取蝇蛆，冬季气温较低时，可加温繁育。

15. 田螺可以作为黄鳝的活饵吗？

田螺属于软体动物门腹足纲田螺科。田螺肉丰腴细腻，味道鲜美，富含多种营养成分。据测定，鲜螺体中干物质含量 5.2%，干物质中含粗蛋白 55.35%，灰分 15.42%，其中含有钙、磷、盐分等，还含有赖氨酸、蛋氨酸和胱氨酸，以及丰富的 B 族维生素。田螺壳中除含有少量蛋白质外，其矿物质含量高达 88% 左右，其中含钙 37%，还含有钠盐、磷，以及多种微量元素。由于田螺含肉率较高，养殖容易，增殖快速，是黄鳝喜食的优质活饵料。

小田螺又叫环棱螺，成螺个体重 2 克左右，养殖这种小田螺可采取带胎一次投放法，于当年 4 月底至 5 月初，每亩（1 亩＝1/15 公顷，下同）水面投放 300 千克；小田螺是胎生的，一只田螺年产仔约 4 胎，每胎产仔约 30 个，小螺个体重约 0.025 克，每只田螺年增殖约 2 克重，依靠田螺不断增生新螺，可以为黄鳝提供大量优质的鲜活饵料。（图 4-2）

图 4-2 田螺

16. 如何培育幼螺?

人工养殖田螺的亲螺可以在市场上购买,但最好是自己到沟渠、鱼塘、河流里捕捞,这样,不仅节约资金,更重要的是可以保证亲螺质量。挑选螺色青淡、壳薄肉多、个体大、外形圆、螺壳无破损厣片完整者为亲螺。田螺为雌雄异体,一般雌性大而圆,雄性小而长。田螺群体雌螺占75%~80%,雄螺仅占20%~25%。每年的4~5月和9~10月是田螺的两次生殖旺季。

幼螺孵出后,通常藏在松软的泥土里两天后才陆续爬到土表活动,此时应把幼螺转移到幼螺饲养箱内饲养。刚孵化出的幼螺壳特别薄,体质娇嫩,在转移幼螺的过程中,不能用手抓捏或用夹子夹取,只能用菜叶或湿布盖在土表,上面撒些诱饵,诱集幼螺爬到菜叶或湿布上再把它们一起转移到幼螺饲养箱内,以免碰伤幼螺。幼螺生长特别快,饲料要求新鲜多汁,富含营养,2~3天更换一次食物种类。可以多投喂一些鲜嫩多汁的瓜果、菜叶,辅以部分麦面、米糠、米粉、钙粉或鸡蛋壳粉等精料,有条件的还可在菜叶上面洒些牛奶,如果适当投喂一些干酵母粉,将对幼螺的生长有很大的促进作用。幼螺放养密度以每平方米面积投放幼螺2000~3000只为宜。

幼螺对外界环境抵抗力较弱,所以要特别注意温度和湿度的控制,室内温度一般控制在20~30℃之间,昼夜温差不得超过5℃,原则上要求室内湿度在70%~80%。在实际饲养中,室内湿度很难保持这一要求,故应在饲养箱内外的湿度上下工夫。土壤底部的含水量以30%~40%为宜,昼夜湿度差不得超过 10%，湿度忽高忽低，易引起幼螺死亡，空气或养殖土过干或过湿，都对幼螺生长不利，过湿易孳生病菌和昆虫，饲养土易霉烂，引起幼螺受病菌侵害而大量死亡，过干则会使螺体失去水分，影响生长，甚至死亡。在早春和入冬季节，应注意做好防寒保暖工作，天热时应每天多喷洒几次水，最好用喷雾器喷洒，不能把水直接喷洒在幼螺上，否则易导致幼螺死亡。喷过水后，箱上盖好湿布，保持养殖土湿润。所用的水如果是城市自来水，需放在太阳下暴晒2～3 天去除余氯后方可使用。

17. 如何养殖成螺?

成螺可以在各种水域中养殖。人工养殖田螺，必须根据实际灵活掌握种螺的投放密度。一般情况下，在专门单一养成螺的池内，密度可以适当大一些，每平方米放养种螺 150～200 个，而在自然水域内放养，由于饵料因素，每平方米投放 20～30 个种螺即可。

田螺的食性很杂，除由其自行摄食天然饵料外，还应当适当投喂一些青菜、豆饼、米糠、番茄、土豆、蚯蚓、昆虫、鱼虾残体以及其他动物内脏、畜禽下脚料等。各种饵料均要求新鲜不变质，富有养分。田螺摄食时，因靠其舌舔食，故投喂时，应先将固体饵料泡软，把鱼杂、动物内脏、屠宰下脚料及青菜等剁碎，最好经过煮熟成糜状物后，再用米糠或豆饼、麦麸充分搅拌均匀后分散投喂（即拌糊撒投）。每天投喂一次，投喂时间一般在上午 8～9 时为宜，日投饵量为螺体重的 1%～3%，并视其食量而适量调整。对于一些较肥沃的鱼螺混养池则可不投或少投饵料，让其摄食水体中的天然浮游动物和水生植物。如果发现田螺厣片收缩后肉溢出，说明田螺明显缺钙，此时应在饵料中添加虾皮糠、鱼粉、贝壳粉等；如果厣片陷入壳内，则为饵料不足饥饿所致，应及时增加投饵量，以免影响生长和繁殖。

人工养殖田螺最重要的是要管好水质、水温，视天气变化调节控制好水位，保证水中有足够的溶氧量，这是因为田螺对水中溶氧很敏感。如果水中溶氧量在 3.5 毫克/升以下，田螺摄食量明显减少；当水中溶解氧降到 1.5 毫克/升以下时，田螺就会死亡；当水中溶解氧在 4 毫克/升以上时，田螺生活良好。在夏秋摄食旺盛且又是气温较高的季节，应提前在水中种植水生植物，以利遮阴避暑，还要采用活水灌溉即形成半流水或微流水式养殖，以降低水温、增加溶氧。此外，凡含有强铁、强硫质的水源，绝对不能使用；受化肥、农药污染的水或工业废水要严禁进入池内；鱼药五氯酚钠对田螺的致毒性极强，应禁止使用。一旦发现池水受污染，要立即排干池水，用清新的水换掉池内的污水。

田螺有外逃的习性，因此在平时要加强螺池的巡视，经常检查堤围、池底和进、出水口的栅闸网，发现裂缝、漏洞，及时修补、堵塞，防止漏水和田螺逃逸。要采取有效措施预防鸟、鼠等天敌伤害田螺；田螺养殖池中不要混养青、鲤、鲈等杂食性和肉食性鱼类，避免田螺被吞食；越冬种螺上面要盖层稻草以保温保湿。

18. 为什么说黄粉虫是黄鳝的好饵料？

黄粉虫俗称面包虫、面条虫、高蛋白虫，为多汁软体动物，属昆虫纲、鞘翅目、拟步甲科、粉甲虫属，是一种完全变态昆虫，黄粉虫鲜虫的蛋白质含量为 $25\%\sim47\%$，干品的蛋白质含量为 $40\%\sim70\%$，通常可达 60% 左右。黄粉虫的组织中有超过 90% 的都是可食用部分，因此它的利用率非常高，而且它的转化效率也非常惊人，据测定：1 千克黄粉虫的营养价值相当于 25 千克麦麸或 20 千克混合饲料或 1000 千克青饲料的营养价值，如果用 $3\%\sim6\%$ 的鲜虫作为饲料的预混料，可代替等量的国产鱼粉。因此，黄粉虫是饲养黄鳝的极好饲料。（图 4-3）

图 4-3　黄粉虫

19. 如何饲养黄粉虫幼虫？

黄粉虫幼虫饲养是指黄粉虫从孵化出幼虫至幼虫化为蛹这个生长阶段。在卵孵化前先进行筛卵，以取得相对纯净的卵，筛卵时首先用筛网将箱中的饲料及其他碎屑筛下，然后连同卵纸一起放进孵化箱中进行孵化。要注意所有的卵纸不能堆放在一起，否则会使小幼虫死亡，要将卵纸分层堆放，层间用几根小木条隔开，以保持良好的通风，在卵纸上盖一层青菜叶，以保持适合的湿度。这样虫卵在孵化箱中，室温保持25℃左右时，经3～5天可孵出幼虫。将孵出的幼虫从卵纸上取下移到饲养箱里喂养，箱里放一层经过消毒的2～3毫米厚的麦麸供其采食。在3龄前不需要添加混合饲料，但要经常放菜叶，让幼虫在菜叶底下栖息取食。

当箱中饲料吃完后，进行过筛，筛出虫粪，幼虫仍放回箱内饲养，并添加3倍于虫体重的混合饲料，可以麦麸为主。饲养实践表明，一般投喂2.5千克麦麸可收面包虫1千克。虫体长至4～6龄时，可采收来喂养黄鳝。用来留种的幼虫则继续饲养，到6龄时因幼虫群体体积增大，应进行分群饲养，幼虫继续蜕皮长大。幼虫经10天左右喂养后第一次蜕皮，共要蜕6次皮左右，方才成为老龄幼虫。幼虫在15日龄前的消化功能尚未健全，因此不宜喂青料，但为了使虫体得到应有水分，要在饲料上加喷轻度水分，15～20日龄后可投喂青料，如嫩菜叶、水果等。随着幼虫的生长，由于各虫体因生长速度不同而导致个体大小不整齐时，为了防止相互残杀，此时要大小分群饲养，可用不同目孔的网筛分离幼虫大小。幼虫在饲养箱中的厚度以1.2厘米为宜，不能超过1.8厘米，以免发热。参考密度为5～8千克/米³。冬季虫子的密度可以适当增加10％左右，而夏季虫子的密度相应减少10％左右。夏天气温高，幼虫生长旺盛，虫体内需要有足够的水分，故必须多加含水分多的青食料，有时还要通风降温，冬季必须减少青饲料。应注意的是，同龄的幼虫应在一起饲养，以方便投食，比如旺盛期的幼虫需补充营养物质，老幼虫则不需要。

20. 养黄鳝时如何用灯光诱蛾？

飞蛾类是黄鳝的高级活饵料，我们可利用诱蛾灯大量诱集蛾虫，为黄鳝提供一定数量廉价优质的鲜活动物性饵料，既可降低饲料成本10％以上，又诱杀了附近农田的害虫，有助于农业丰收。试验表明，效果最好的诱蛾灯是20瓦和40瓦黑光灯，其次是40瓦和30瓦紫外灯，最差的是40瓦日光灯和普通白炽灯。一般选用20瓦黑光灯管，配上20瓦普通日光灯镇流器，灯架为木质或金属三角形结构。在镇流器托板下面、黑光灯管的两侧，再装宽为20厘米、长与灯管相同的普通玻璃2～3片，玻璃间夹角为30°～40°。虫蛾扑向黑光灯碰撞在玻璃上，触昏后掉落水中，可供鱼类摄食。接220伏电源，开灯后可以看到黄鳝争食落入水中的飞虫。

黑光灯诱虫从每年的5月份到10月初，每天诱虫高峰期在晚上8～9时，此时诱虫量可占当夜诱虫总量的85％以上，为了节约用电，延长灯管使用期，深夜 12 点以后即可关灯。夏天白昼时间长，以傍晚开灯最佳，根据测试，如果开灯第一个小时诱集的虫蛾数量总额定为 100％的话，那么第二个小时内诱集的蛾虫总量则为 38％，第三个小时内诱集的虫蛾总量则为 17％。因此每天适时开灯 1～2 个小时效果最佳。

黑光灯诱集的虫蛾种类达 700 余种。7 月份以前多诱集到棉铃虫、地老虎、玉米螟、金龟子等，每组灯管每夜可诱集 1.5～2 千克，相当于 4～6 千克的精饲料；7 月气温渐高，多诱集金龟子、蚊、蝇、蠓、蚋、蝗、蛾、蝉等，每夜可诱集 3～4 千克，相当于 10～13 千克的精料；从 8 月份开始，多诱集蟋蟀、蝼蛄、蚊、蝇、蛾等，每夜可诱集 4～5 千克，相当于 15～20 千克的精料。黄鳝争食落水昆虫时，游动急速，跳动频繁，可促进其新陈代谢，增强其体质和抗逆性，减少疾病的发生，对黄鳝的生长发育有促进作用。诱杀虫蛾还能保护周围的农作物和森林资源。一支 40 瓦的黑光灯，开关及时，管理使用得当，每天开灯 3 小时，一个月耗电量为 1.8 度，在整个养殖期间诱集各种虫蛾 300 千克以上，可增产黄鳝 150 千克左右。

第五章 科学喂养黄鳝

1. 黄鳝是怎样摄食的?

黄鳝对食物的感知主要依靠其敏锐的嗅觉、触觉和振动知觉,当食物落入水中或由活饵引起水体振动时,或者活饵料在水体中散发出特殊的气味时,黄鳝就会追踪到达饵料、猎物身边,然后用啜吸方式将其摄入口中。对不同的食物黄鳝也会采取不同的啜吸式,对那些小型食物如水蚤、黄粉虫、水蚯蚓等,黄鳝就会张开大口,一下子啜吸吞入,而对于一些大型无法一口吞入的食物,例如较大的鱼、青蛙等,一旦捕获后,立即用口里的牙齿紧紧咬住或挪动身体剧烈左右摆动,或咬住食物全身高速旋转,使其死亡或身体被撕咬断裂后再慢慢吞入。黄鳝的摄食动作迅速,摄食后即以尾部迅速缩回原洞中。

2. 黄鳝贪食吗?

黄鳝在野生状态下食物无法得到保证,经常饱一顿饥一顿,长期的生存环境养成了暴食的习性,一旦有机会能大吃一顿,它就变得非常贪食。在人工养殖状态下的吃食旺季,黄鳝也有这种贪食的特性,只要饵料新鲜可口,其一次摄入量可达自身体重的15%左右。过量摄入食物往往导致消化不良而引发肠炎等疾病,因此在投喂时一定要做好定量供应,防止其暴食。

3. 黄鳝耐饥饿吗?

凡事都有两面性,野生黄鳝的生存条件养成它贪食的习性,同时也造就了它具有非常强的耐饥饿能力。研究表明,即使是在黄鳝吃食和生长的高峰期,如果没有食物供给,它也能饥饿1～3个月而不会饿死。但是在特别饥饿的状态下,黄鳝体质减弱易诱发疾病和发生大鳝吃小鳝的情况,因此在人工养殖时一定要及时供应饵料,并注意同池放养的规格,避免黄鳝生病和发生大吃小的情况。

4. 黄鳝为什么会拒食？

黄鳝通过嗅觉和触觉感知食物的存在和食物的大小，但是饵料是否适口，那就得通过它的味觉加以选择并作出是否要吞咽的判断。黄鳝对无味、苦味、过咸、刺激性异味饵料均拒绝吞咽，尤其是对饲料中添加药品极为敏感，有时即使暂时吃下，过一会也会吐出。这也是一些养殖者在饲料中添加敌百虫或磺胺类药物等气味明显的药物来治疗鳝病而不见效的根本原因。

5. 不同阶段的黄鳝对饵料需求有差别吗？

一般说来，黄鳝敏感且最喜欢吃食的食物顺序依次是：蚯蚓、河蚌肉、螺肉、蝇蛆、鲜鱼肉等。但是在不同的生长阶段，黄鳝对食物的喜好也有所不同：在鳝苗刚孵出时，它依靠自身的卵黄囊提供营养，不需要任何外界的食物；一周以后的仔鳝吃蛋黄、水蚯蚓和蚯蚓，因此在鳝苗卵黄囊消失后，就可以投喂磨碎的蚯蚓糜或蛋黄糊；幼鳝的食性就会广泛一点，这时爱吃水蚯蚓、蚯蚓、轮虫、枝角类、孑孓等天然的小型活饵料；成鳝主要摄食蚯蚓、小杂鱼、螺肉、蚌肉、小虾、蝌蚪、小蛙和昆虫等较大的动物性活饵料。为了解决饲料来源问题和加快增重，幼鳝和成鳝应尽可能及早驯食投喂人工配合饲料。

6. 黄鳝的动物性饵料有哪些？

黄鳝爱吃的动物性饵料包括小虾、蚯蚓、水蚯蚓、螺蚬、蝇蛆、鲜蚕蛹、蝌蚪、幼蛙肉、蚌肉、肉渣、动物内脏、动物下脚如熟猪血及生活在水底的小动物等。其中，黄鳝最爱吃的是蚯蚓、蝇蛆和河蚌肉，不吃腐烂、变质食物。

7. 黄鳝的植物性饲料有哪些？

黄鳝的植物性饲料主要有小杂草、麦芽、麦麸、豆饼、菜饼、青菜、浮萍等。这些植物性饵料只能作为辅佐饵料，在投喂时添加一点，起补充黄鳝体内维生素、增强体质的作用。

8. 用配合饲料投喂黄鳝有什么优点？

在大规模养殖黄鳝时，不可能准备那么多的活饵料，因此投喂配合饲料是必需的，是解决规模化养殖的必要手段。使用配合饲料有以下优点：一是饲料的来源有保障。配合饲料是颗粒状的，包装严实，便于储藏，可以一次购入逐渐使用，是规模化养殖黄鳝的重要前提。二是配合饲料的质量有保证。配合饲料是依据黄鳝的生长特性、营养特点等因素综合开发的营养成分全面的饲料，投喂后黄鳝生长速度明显加快，饲料转化率非常高。三是便于防病治病。由于配合饲料是人为加工的，可以根据不同的季节、不同的生长阶段、不同的疾病特点，将相应的药物添加其中，以达到防治病虫害的目的。四是配合饲料投喂方便，在大面积养殖时可以用投饵机来投喂，小面积养殖时可以手撒饲料进行投喂。五是配合饲料都是经过多个加工环节制成的，尤其是经过高温加工后，能避免病虫害从饲料中被带入鳝池。六是配合饲料投喂后可以及时查看，如有过剩可以立即清理，不易污染池水。（图 5-1）

图 5-1　黄鳝的配合饲料

9. 黄鳝对配合饲料有什么要求？

经过驯食后，黄鳝可以摄食人工配合饲料。要想使黄鳝能稳定摄食配合饲料，首先要求配合饲料要具有一定的腥味，要能吸引黄鳝的摄食兴趣；其次是配合饲料的粒度均匀，大小适口，便于黄鳝的啜吸；再次要求配合饲料的柔韧性好，适合黄鳝撕咬的习性，在水中保形时间较长；最后就是要求饲料形状为条形，适应黄鳝的取食习惯。

10. 黄鳝对饵料的选择性强吗？

黄鳝对饵料的选择性很强，一旦长期投喂一种饵料，就很难改变其食性。因此，如果计划用配合饲料或其他饵料喂养，在饲养黄鳝的初期，必须在短期内做好驯食工作，即投喂来源广泛、价格低廉、增肉率高的配合饲料。驯食初期可喂蚯蚓（动物性的饵料都行）并混入配合饲料或其他饲料，逐步增加配合饲料或其他饲料，直至习惯摄食后，完全改用配合饲料或其他饲料。目前，养殖效果比较好的是用部分动物鲜活肉加入一定比例的配合饵料，成本低，生长快。具体的驯食方法在前文相关章节中已经有所阐述，在此不再赘述。

11. 如何加工饲料？

对于家庭养殖或养殖面积较小的养殖户来说，如果他们提供的活饵料比较充足，就可以直接用蚯蚓、蝇蛆、小杂鱼、动物内脏等饲喂黄鳝，饲料可以不加工。对于一些较大的野杂鱼及动物内脏，也只需切碎后就可以用来投喂黄鳝。

对于那些规模饲养黄鳝的养殖户来说，如果使用市购的全价配合颗粒饲料，也可以按黄鳝的体重按比例直接投喂，也不需要进行特别的加工。

如果觉得颗粒饲料太贵，养殖成本太高，而单一的天然饵料又满足不了要求，有些养殖户就要对黄鳝浓缩料和普通鱼饲料进行简单再加工，只要配方得当，加工技术过关，同样能取得较好的效益，这也是一种值得推广的方法。

这种再加工的原料主要是鱼饲料，它的基本成分和蛋白质含量还是有保障的，可以往这些普通的鱼饲料里添加黄鳝浓缩料和蚯蚓、黄粉虫等物质进行再加工。首先将购回的鱼饲料粉碎，按当时估算的黄鳝重量以及它平时的吃食量称取适量的鱼饲料，按 1％的比例加入黄鳝浓缩料，再按 0.1％的比例加入饲料黏合剂或按 5％～10％的比例掺入小麦粉，加入切碎的蚯蚓、蝇蛆、鱼肉、蚌肉、动物内脏等鲜料，加入适量水后充分搅拌，做成软软的长团状就可以了。有条件的可以用绞肉机将其绞成细条状的软条饲料，放在自然环境下晾晒，不时地用手或耙子轻轻翻动，当晾晒到七成干时便可投喂。加工较好的饲料，应是下水后不容易散。制作的软颗粒料或团料应现做现用，不宜久存。

12. 定时投喂讲究什么？

野生黄鳝具有昼伏夜出的生活习性，习惯于夜间觅食，白天穴居。因此黄鳝放养初期的投饲应在下午 4～5 时进行，待其逐渐适应后，提早投饲。通过这样驯养后的黄鳝，一般都可以在白天投饲。水温为 20～28℃的生长旺季，在上午 8～9 时、下午 2～3 时各投饲 1 次；水温在 20℃以下或 28℃以上，每天上午投饲 1 次。

13. 定量投喂讲究什么？

黄鳝的吃食量与水温有关，15℃左右开始摄食，15～20℃摄食量逐步上升，20～28℃摄食量最大，28℃以上摄食量又逐渐下降。所以在日常的生产管理中，决定黄鳝的投饲率是根据养殖环境的温度来确定的，先正确估算养殖黄鳝的体重，然后根据体重和投饵率来确定投饲量。水温 20～28℃ 时，日投鲜活饲料量为鳝鱼体重的 6％～10％，或配合饲料量为 2％～3％；20℃ 以下或 28℃ 以上时，日投鲜活饲料量为 4％～6％，或配合饲料为 1％～2％，每日投饵一次；当水温在 10℃ 左右时，应少投饵或不投饵。

14. 日投饵量如何确定？

具体的日投饵量要根据实际情况加以增减后确定。一般在投饵后要进行跟踪检查，投饲后 1.5 小时还吃不完，则说明饵料过量，下次投饲时要减少投饲量，如果长期饵料过剩，将败坏水质，造成黄鳝疾病；如果投饲后半小时不到就已吃完，说明饵料量不足，则下次投饲要增加投饲量。天阴、闷热、雷雨前后，或水温高于 30℃，或低于 15℃，都要注意减少投饲量；室外池在下雨天，黄鳝很少吃食，可少投或不投。

对于网箱中养殖的黄鳝，由于网箱的黄鳝数量可能不尽相同，因此可以采用多次投料的方式。第一次投入总量的一半，过一会儿巡箱查看，并对已吃完饵料的网箱进行补投，过一会儿再次巡箱，对已吃完料但仍有部分黄鳝在张望的，应再次补投，以保证黄鳝摄食充足。否则当饥饿时可残食比自身小的黄鳝。

另一方面，黄鳝很贪食，当它吃惯人工投喂的饲料以后，往往会一次吃得很多，或将大块的饲料吞入腹中，结果消化不良，几天都不吃食，严重的还会胀死。因此一定要将饲料切碎，投饲时可少量多餐，一天的量分 2～3 次投喂，投饲的最高限量应控制在其体重的 10％ 以内（鲜料或湿料重），初期投料应由少到多逐步添加。

15. 定质投喂讲究什么？

黄鳝以荤食为主，饲料一定要新鲜，谨防变质，切忌投喂腐败食物。能煮的最好煮熟，病死动物肉、内脏和血最好不投饲。最好投喂配合饲料，当然配合饲料也切忌变质发霉。配合饲料的营养高于单一饲料，以配合饲料投喂，鳝鱼生长快，不易生病，成本也低。

据试验，在配合饲料中添加不少于 3％ 的干蚯蚓对黄鳝具有相当的"诱惑力"。由于蚯蚓活体的含水量约为 80％，而风干蚯蚓的含水量约为 8％，因此若用鲜蚯蚓添加时，则 100 千克干饲料，应加入不低于 13.8 千克的鲜蚯蚓。在黄鳝初期开食、驯食过程中，蚯蚓的加入量还应适当增加。蚯蚓不足的情况下，应采用蝇蛆、猪肝、蚌肉、小杂鱼等鲜料代替。

16. 定位投喂讲究什么?

所谓的定位,就是将饲料投在鳝池固定的位置,定位投饵可以使黄鳝养成定点吃食的习惯,以便于观察其吃食情况和清扫残料。鳝池中应有固定食台,食台用木框加聚乙烯网布做成,固定在一定位置上,饲料投于其上。食台是黄鳝群体争食的地方,应适当分散,多设几个。若没有固定食台,则应选择固定投饵的地点。对于池塘养殖黄鳝来说,投饵点尽可能集中在池的上水口,这样饲料一下水,气味就流遍全池,使鳝鱼集中吃食。使用水泥池养殖黄鳝的,可直接将颗粒鱼饲料撒在无水区。使用土池及网箱养殖的,可使用黏合剂将其拌和成团再投放到池内水草上。

17. 用活饵料喂养黄鳝的投喂量如何确定?

在黄鳝的生长季节,鲜虫的日投喂量为黄鳝体重的 10% 左右较适宜。具体判断食量的标准是采用试差法:在一天的投喂中,如果投喂 2～3 次甚至更多次的,在下一次投喂时要观察上一次投放的虫子是否已被黄鳝吃完,如果没有吃完就不要继续投喂,同时将剩余的虫子捞出;如果吃完了,可以考虑再投喂一些。对于一天只投喂一次的,在投喂后的 1 小时左右,一定要到食台查看,发现有死虫时就要立即取走,同时说明投喂量偏多;如果没有发现死虫,说明投喂量偏少,第二天就要多投喂一点。以活饵料喂黄鳝,投喂量以 1 小时内吃完为宜。

18. 投喂活饵料时讲究什么技巧?

用黄粉虫等活饵料喂黄鳝,应将虫子放在饲料台上,不要让虫子被水流冲得到处都是,由于黄鳝是在水中取食的,因此饲料台是被水淹没的,但不可淹没太深。

一些陆生性的活饵料如蚯蚓、黄粉虫等,在投喂时要考虑到它们在水中的存活时间。有人做过试验,当把鲜活的黄粉虫投入水中后,由于水浸到虫子腹部的气门,导致虫子在 10 分钟内窒息死亡。更为严重的是黄粉虫蛋白质和脂肪含量特别高,在死亡后它的肌体会迅速分解,例如水温在 20℃ 以上时,死亡的黄粉虫 2 小时左右就开始腐败,从外观上看虫体发黑变软,然后逐渐腐烂、变臭。虫体开始变软发黑就不能作为饲料了。如果黄鳝取食腐烂的黄粉虫,就会引发疾病。因此,我们在投喂活饵料时一是要尽可能少量多次投喂,争取每次投喂活饵料都被吃完;二是在水中的活饵料最好能在半小时左右吃完,1 小时后还没吃完的就要把它拣走,以免腐败。

第六章　池塘养殖黄鳝

1. 养黄鳝究竟会不会赚钱？

近几年来，我国名特优水产品种养殖发展十分迅速。黄鳝以其特有的肉质细嫩，味道鲜美，营养丰富和市场的价位，非常受消费者欢迎；又因其人工养殖具有占地少、成本低、收入高，以及黄鳝抗病能力强、饲养管理容易等优点，得以迅速发展。但是，黄鳝的养殖同常规鱼类养殖相比，在苗种、饲料、基础设施、养殖技术等方面都有它的特殊性。因此，一定要熟练地掌握黄鳝的养殖技术，才能尽可能地获得较高的经济效益，若能运作得好，是可以赚大钱的。

2. 为什么黄鳝养殖业能迅速发展？

近10年来，黄鳝养殖在我国各地迅速发展，究其原因主要有如下几点：一是黄鳝的价格和价值正被国内外市场接受，人们生产的优质黄鳝成品在市场上不愁没有销路；二是黄鳝养殖的技术得到推广，尤其是国家相关部门重视对黄鳝养殖技术的研究，许多地方将黄鳝养殖作为"科技下乡""科技赶集""科技兴渔""农村实用技术培训"的主要内容，关键技术能够迅速被广大养殖户掌握；三是黄鳝养殖的方式是多样化的，既可以集团式的规模化养殖，也可以是千家万户的庭院式养殖，既可以在池塘中饲养，也可以在稻田中饲养，以及在网箱或池塘中精养，在沟渠、塘坝、沼泽地中粗养；四是只要苗种来源好、饲养技术得当，就可以实现当年投资、当年受益，资金回笼快速。

3. 黄鳝养殖的瓶颈在哪里？

黄鳝养殖作为新兴技术，目前仍存在着技术瓶颈，主要体现在：一是黄鳝的全人工繁殖技术还没有被完全攻克；二是苗种市场比较混乱，炒苗现象相当严重；三是伪劣鳝种坑农害农的现象仍时有发生，尤其是所谓的"特大鳝""泰国鳝"等伪劣鳝种更是让许多一心想发家致富的农民损失惨重；四是针对黄鳝养殖特有的专用的药物还没有开发，目前沿用的仍然是一些兽药或其他常规鱼药；五是黄鳝的深加工技术还跟不上，它潜在的深加工价值还没有得到充分体现；六是相关媒体对黄鳝的负面报道仍然影响着人们的消费，尤其是"避孕药黄鳝"的传言满天飞，给黄鳝养殖的进一步发展带来了不小的冲击。

4. 养黄鳝要掌握哪些技术要点？

一般要掌握以下 5 个方面要点，即苗种选购驯化技术、饲养方式的选择、管理技术、饵料供给技术和病害防治技术。其中苗种是养殖基础，没有苗种就谈不上养殖；管理技术、饵料供给和病害防治技术是保证和提高成活率的措施，饲养方式的选择则是降低成本提高经济效益的措施。

5. 池塘养殖黄鳝有哪些模式？

池塘养殖黄鳝一般有两种模式，一种是池塘专门用来养殖黄鳝，这种养殖方式的技术要求高，黄鳝的放养量大，饵料投入高，但是成鳝的产量高，养殖效益也非常高；另一种养殖模式就是利用池塘套养黄鳝，就是先在池塘中养殖其他的经济鱼类，然后根据情况再在池塘中套养或混养黄鳝，这种养殖模式的投入低，不需要专门给黄鳝投喂饵料，但是黄鳝的亩产量也低，收益不如第一种养殖模式。(图 6-1)

图 6-1 池塘规模养鳝场

6. 鳝池的选址有什么讲究？

黄鳝生性喜温、避风、畏光、怕惊、怕高温、怕高气压，不适应温度的大起大落，所以鳝池选址必须考虑这些因素。黄鳝池所选择的地点应具备能形成较稳定的生态小气候，如湿度、地温、地气相对稳定，气流畅通且相对缓和和适量的日照等。黄鳝对环境适应力强，一些不宜养殖其他鱼类的废弃水体及不宜种植农作物的水坑、水塘均可作为黄鳝池。养殖黄鳝的池塘一般选择在避风向阳、水源充足、水质无污染、进排水方便、较为安静和交通便利的地方建设，也可将原来养鱼的池塘进行改造，用来养殖黄鳝。对于一些小面积家庭饲养的池塘，则可利用房前屋后空地，采光较好的旧房屋、废弃粪坑、低洼地和废蓄水池等改建，或在楼房屋顶上建池养殖。将鳝池建在山顶、高坡、全阴处、低凹高压处、无植被的干爽地带、负压气流处、喧闹处等都是不科学的。

由于土池没有牢固的防渗漏设施，因此，土池必须选择在地下水位较高，土池内能够容纳较多的水且夏季暴雨来临时雨水能够排得开的地方建造。要求土质较黏，夏季雨水冲刷池壁不易垮塌，池底有一定的硬度。

7. 鳝池面积多大较合适？

黄鳝养殖池面积依据养殖的规模、养殖者的技术水平以及自然条件而定，可大可小，一般以 1～3 亩为宜。如果是家庭副业养殖，鳝池面积 4～20 米² 均可。池深 80～120 厘米，池形以东西走向为宜。

8. 如何建造鳝池？

黄鳝喜栖于泥穴中，其中原因之一是为了保持一定体温。一旦载体温度承受外界气温下降或升高，就会引起黄鳝上下活动，以寻求最适温度。这一自调行为在一年四季中都表现得相当频繁，这就须根据各地气温情况和地温状况来决定鳝池的深度和载体的深度及其布局方式。一般养鱼池排污、清污比较容易，但由于养鳝池的载体不仅仅是水，其主体为泥，其中溶解气体如氧、二氧化碳、氨、硫化氢和甲烷等，还有分布在固体载体中的沉积物，在光、温、气、水的影响下发生相互作用。这种作用保持着动态的平衡，既产生良性的结果，同时也在不断产生更多的不利因素，这是值得养殖者注意的。

为了便于换水，最好在有水源保障的地方建池，黄鳝养殖池塘长方形、正方形均可，以东西走向的长方形为佳，土池的池埂要用硬土建造，池埂底部宽0.5 米，池埂上面宽 0.3 米，池底要夯实不渗漏，若土池的四壁较为牢固且蓄水保水能力较强，建池时不必砌砖石。反之，若在软土质处建池则可在四壁靠埂处砌厚度为 6 厘米或 12 厘米的砖墙或用石板砌边，并用砖石铺底，池内壁涂抹水泥勾缝并抹平，要求池底和四周不漏水和不跑鳝。砖墙或石板要竖立在池底的硬基上，墙高出埂面 20～30 厘米。

9. 在鳝池里人工筑巢有什么好处?

为了提高黄鳝养殖的成功率和经济效益,有的养殖户会在养殖池里人工筑巢,人工筑巢的好处主要有以下几点。

一是供黄鳝栖身防身。鳝巢一般有 2 个以上的进出口,巢穴内形态复杂多弯道,2 个洞口相距 100 厘米左右,具有极好的栖身防身作用。其中一洞口处于半水半空状态,具有一定的深度。这样的洞口便于洞内隐蔽式呼吸、便于地表产卵护卵、便于偷袭猎取活食。

二是具有保温调温的作用。巢穴可曲折向下深至 40 厘米,高寒地区可达 80~100 厘米。当春季气温上升至 15℃以上时,黄鳝便从半休眠状醒来游至载体上层。当上层温度达 29℃时,便向下至中上层栖息;中午至傍晚,上层载体温度达 30℃以上时,便继续向下至中下层栖息。

三是有助于黏液代谢。鳝体黏液无时不处于新陈代谢之中。气温越高,代谢速率越高,分泌黏液越多。分泌出的黏液在被水中微生物分解过程中,除了消耗大量的氧之外,还产生大量的热量。就鳝体而言,这一过程正是吐故纳新,保护身体不致染病的自调措施。高温季节这一过程更为频繁和重要,故黄鳝不得不借洞穴抹掉最表层黏液,以迅速达到消除病菌感染和降低体温的目的。黄鳝经常以旋转方式进洞就是这一行为的表现。

10. 如何建造防逃设施?

为了防逃可另做池沿,池四周高出地面 30~50 厘米,四壁和底部用塑料薄膜或塑料防雨布压贴。也可在池子里铺设一层无结节网,网口高出池口 30~40 厘米,并向内倾斜,用木桩固定。为便于换水放水,鳝池必须有进水口、排水口、溢水口,用来排污水、换水和防止大雨池水上涨时逃鱼。在接近水源处挖一进水口,在池塘相对一侧下端平行水底处留一排水口,进排水口均要有拦鱼网布配套,防止逃鳝,连片的池塘要统一设计和建设进排水系统,并设有防逃、防漏设施。

11. 对鳝池底部有什么要求?

黄鳝喜穴居,所以养殖黄鳝的池塘要求垫上经过暴晒松硬适度、富含有机质的泥土 30 厘米。每年早春可取河泥和青草沤制成的泥土,为了增加有机质,在泥中掺和一些稿秆和畜粪,然后放入池塘,以便于黄鳝打洞潜伏。然后在池中心或四角上再投以石块、断砖等物,人工造成穴居的环境条件,以利黄鳝保暖或乘凉,适应黄鳝的穴居习性。

12. 鳝池需要种植水草吗?

俗话说:"养鱼先养水,养水先养草。"所以,投放水草也是黄鳝静水无土生态养殖的关键技术之一。在黄鳝池里养水草,不但可以调节和净化水质,还可以给黄鳝提供遮阴避雨及小憩的地方,更重要的是它可以起到防治病虫害的作用。

为利于黄鳝的生长,可人工仿造自然环境供黄鳝栖息,池塘1/3的水面可适度种植水葫芦、水花生、慈姑、茭白、蒿草等水生植物。另外,不同的季节要合理地搭配水草比例。一般夏天以水葫芦、水花生为主,春天和秋天以水花生、浮萍为主,冬天最好不要放水。因为鳝鱼喜欢钻水草,水草一般浮在水面上,冬天降温的时候钻水草很容易冻伤鳝鱼。

这种生态养鳝池无需经常换水,便可使水质处于良好状态,慈姑等既可吸收水中营养物质,防止水质过肥,草叶在炎热的夏季还可为黄鳝遮阴、隐蔽,改善鱼池环境。

由于土池的四壁不一定能达到笔直,且池壁顶端没有有效防止黄鳝外逃的设施,因而,我们一般仅将水草铺设在池的中央,以吸引黄鳝集居池的中央而不易到池边去,从而可很好地预防黄鳝外逃,固定水草的方法是用竹竿做一个或几个长方形的框,然后在竹框中投入大量水草并用打桩的方式将竹框固定于池中。

13. 在鳝池中搭建食台有什么作用?

池塘养殖黄鳝,所投喂的饲料有时不能一下子被吃完,它们会慢慢地沉入池底沉积,另外黄鳝在取食过程中也常常会把大量的饲料带入泥土中,从而造成极大的浪费。因此,养殖户有必要设立专门的食台,一方面可提高饲料利用率,减少甚至避免饲料的浪费,并能及时清除未吃完的饲料,同时也有利于黄鳝养成定点取食的习惯,缓解其抢食的状况,更重要的是可以通过对食台的监测,及时了解黄鳝的摄食情况和疾病发生情况,提高养殖的经济效益。

14. 食台的搭建有几种方式?

鳝池食台的搭建有3种方式,一是利用土质较硬、无污泥、水深0.5米的池底整修而成。二是用木盘、竹席、芦席制成一个方形的食台,设置在水面下30~50厘米处,在水浅或水位稳定的水域用竹、木框制成,而在水较深或水位不稳定的水域用三角形浮架锚固定。三是直接将食料投放到水草上,若水草过于丰茂,投下的料不能接近水面,则可将此处的水草剪去上部或在投料前用木棒等工具将水草往下压，使投喂的饲料能够入水或接近水面。春季搭的食台应靠水面（浅些），夏秋季食台应深些。一个养鳝池可设立多个食台。

食台位置应设置在避风向阳、安静，靠近岸边的地方，以便观察吃食情况。场处应设浮标，以便指示其确切位置，避免将饲料投到外边。

15. 如何改造鳝池的排水系统?

池塘的排水系统可加以改造，将排水孔和溢水孔"合二为一"，成为能自由控制水深的排溢水管。该水管的制作及安装方法为：截取一节长度比池壁厚度多5～10厘米，直径为5厘米PVC塑料管，在其两端各安上一个同规格的弯头。将其安装在养殖池的排水孔处，使其弯头一个在池内，一个在池外，弯头口与池底相平或略低。这样，如果我们想将池水的深度控制在30厘米，则只需在池外的弯头上插上一节长度约为30厘米的水管即可。这样，当池水深度超过30厘米时，池水就能从水管自动溢出。而我们要排干池水时，只需将插入的水管拔掉即可。如果养殖池较大，我们可以多设一个排水管。

16. 鳝池为什么要做两道防逃设施?

黄鳝善于逃跑，尤其是在阴雨天气更会逃跑，因此防逃设施一定要做好。根据我们的经验，在池塘养殖时可以做两道防逃设施，一道是从池塘内防逃，另一道是从池塘外防逃。

第一道防逃设施至关重要，可以从4个方面入手。一是检查池埂，看看有没有破损的地方和有没有漏洞，结合池塘清整，夯实池埂；二是沿四周池埂贴一层硬质塑料薄膜，薄膜埋入池埂泥土中约20厘米，每隔100厘米处用一木桩固定；三是池塘的进排水口采用双层密网防逃，同时也能有效地防止蛙卵、野杂鱼卵及幼体进入池塘，由于网眼细密，水中的微生物容易滋生而堵塞网眼，因此需经常检查和清洗网布；四是为了防止夏天大雨冲毁堤埂，可开设一个溢水口，溢水口也采用双层密网防止黄鳝乘机顶水逃走。

第二道防逃设施是一种补救措施，在排水沟的末端再增设两道拦网。选购网眼直径不大于0.5厘米的钢丝网，用铁片或木条支撑，做成网板，固定于排水沟中。安装两道拦网的目的主要是为防止第一道网万一被垃圾堵上，仍有第二道拦网可以有效地防止黄鳝逃跑。同时可在排水沟里放几只鳝笼，如果鳝笼经常有黄鳝，那就要注意检查第一道防逃设施了。

17. 如何清整鳝池?

鳝池清整最好是在春节前的深冬进行，以便有足够的时间暴晒池底。新开挖的池塘要平整塘底，清整塘埂，使池底和池壁有良好的保水性能，尽可能地减少池水渗漏。旧塘要在黄鳝起捕后及时清除淤泥、加固池埂和消毒，堵塞池埂漏洞，疏通进排水管，并对池底进行不少于 15 天的暴晒。这样，可在一定程度上杀灭池中的敌害生物如鲶鱼、泥鳅、乌鳢、蛇、鼠等，以及争食的野杂鱼类和一些致病菌。

18. 鳝池清塘消毒有什么好处?

池塘是黄鳝生活的地方，池塘的环境条件直接影响到黄鳝的生长、发育。定期对池塘进行清整，从养殖的角度上看，有 4 个好处：一是通过清整池塘能杀灭水中和底泥中的各种病原菌、细菌、寄生虫等，同时让池塘底部受到阳光充分暴晒，从而减少黄鳝疾病和虫害的发生概率；二是可以杀灭对幼鳝有害的杂鱼和水生昆虫；三是通过池塘的清整，可以使土壤疏松，加速有机质的分解，改良了底质，提高了池塘的肥力；四是通过清整，保持池底淤泥 6~10 厘米，将池塘过多的底泥用来加固池埂，修好池堤和进、排水口，填塞漏洞和裂缝等，还可以将淤泥填在池埂上种植苏丹草、黑麦草等青饲料，以解决混养的草食性鱼类的饲料来源问题。

19. 用生石灰清塘的原理是什么?

生石灰来源广，价格低廉，用其消毒清塘最有效。生石灰清塘的原理是：生石灰遇水后发生化学反应，放出大量热能，产生具有强碱性的氢氧化钙，能在短时间内使水体的 pH 值迅速提高到 11 以上，因此，这种方法有很强的灭菌及杀死敌害能力，能迅速杀死水生昆虫及虫卵、野杂鱼、青苔、病原体等。更重要的是生石灰与底泥中有机酸产生中和作用，并使池水呈碱性，既改良了水质和池底的土质，同时给水体补充大量的钙质，有利于黄鳝的生长发育。

20. 用生石灰清塘有什么优点?

生石灰是常用的清塘消毒剂，根据试验结果及各地的实践，生石灰清塘具有以下的优点。

一是能迅速且彻底杀死隐藏在底泥中的乌鳢等害鱼、水生昆虫及虫卵、蛙卵、一些根浅软的水生植物、青苔、鱼类寄生虫、病原菌及其休眠孢子和老鼠、水蛇、螺类等敌害生物，减少疾病的发生。

二是能改良池塘的水质。清塘后水的碱性增强，能使水中悬浮状有机质等胶结沉淀，过于浑浊的池水得以适当澄清，可以使池水保持一定的新鲜度，这是非常有利于浮游生物的繁殖和黄鳝的生长。

三是能改变池塘的土质。生石灰遇水后产生的氢氧化钙吸收二氧化碳生成碳酸钙沉入池底。碳酸钙能疏松淤泥，从而改善池塘底泥的通气条件，加速细菌分解有机质的作用，加快池塘底部淤泥中有机质的分解，并能释放出被淤泥吸附的氮、磷、钾以及微量元素铁、锰、锌、铜等。

四是生石灰将池底的氮、磷、钾等营养物质释放出来后，增加了水的肥度，一定程度上起到了间接施肥的作用，而钙本身为绿色植物及动物所不可缺少的营养元素，清塘泼洒的生石灰，起直接的施肥作用，促进黄鳝天然饵料的繁育。

21. 生石灰干法清塘如何操作？

生石灰清塘可分干法清塘和带水清塘两种方法，一般情况下，两种清塘方法均要选择晴好的天气进行。从生产实践上来看，通常都是使用干法清塘，只有在供水不方便或无法排干水的池塘才用带水清塘法。

修整池塘结束后，在放养黄鳝前 20～30 天，进行生石灰清塘消毒，过早或过晚对苗种成长都不利。先将池水排掉，保留水深 5～10 厘米，使泼入的石灰浆分布均匀。在池底四周和中间选几个点，挖几个小坑（小坑数量及间距，应根据池塘大小而定，以方便全池泼洒为宜），将生石灰倒入小坑内，用量为每平方米 100 克左右，注水，待生石灰化成石灰浆后，立即用水瓢趁热将石灰浆向四周均匀泼洒，鱼池中心和边缘都要洒遍。如果池塘两岸较狭窄，可在木桶中将生石灰化浆后直接泼洒到池塘中。为了提高消毒除害的效果，第二天可用铁耙将池底淤泥耙动一下，使石灰浆和淤泥充分混合。再经 5～7 天晒塘后，药力基本消失，经试水确认无毒后，灌入新水，即可投放种苗。试水的方法是在消毒后的池子里放一只小网箱，放入 50 只小鳝苗，如果在 24 小时内，网箱里的鳝苗没有死亡也没有任何其他的不适反应，说明消毒药剂的毒性已经全部消失，这时可以大量放养鳝苗了。如果 24 小时内有试水的鳝苗死亡，则说明毒性还没有完全消失，这时可以在再次换水后 1～2 天再试水，直到无鳝苗死亡才能放养鳝苗。对土池和水泥池的试水方法也是这样。

要注意的是干法清塘并不是要把水完全排干，而且至少要留 5 厘米的水，如果石灰质量差或淤泥多时要适当增加石灰用量。

22. 生石灰带水清塘如何操作？

有些不靠近河、湖的池塘清塘前无法将水排到池外，排出后又无法补入，若暂以邻池蓄水，交相灌注，则增加了传播病原的机会，失去了清塘防病的目的。为了克服这些困难，可以进行带水清塘。还有一种情况就是时间不足，来不及排水的池塘，也可使用带水清塘。带水清塘速度快，节省劳力，效果也好。缺点是石灰用量较多。

每亩水面水深 0.6 米时，用生石灰 80 千克（不同的水深，生石灰用量按比例增减），一般是将生石灰放入大木盆等容器中化成石灰浆，操作人员穿防水裤下水，将石灰浆全池均匀泼洒。对于面积较大的池塘，可将生石灰盛于箩筐中，悬于船边，沉入水中，待其吸水融化后，撑动小船，在池中缓行，同时摆动箩筐，促使石灰浆散入水中。实践证明，带水清塘虽然工作量大一点，但它的效果很好，可以把石灰水直接灌进池埂边的鼠洞、蛇洞里，能彻底地杀死敌害生物。

有的地方采用半带水清塘法，即水深 0.3 米，每亩用生石灰 45 千克，这种方法石灰用量少，操作方便，效果也好。一般经过 7～8 天，药力基本消失便可注水养殖了。

无论用哪种方法，都有两个关键环节要掌握好，才能提高效果。一是要用新鲜的块状生石灰，已受潮的石灰最好不用，这是因为生石灰在空气中容易吸湿转化成氢氧化钙，其消毒和杀菌效果大大降低。如果石灰一时用不完，应保存于干燥处，以免降低效力。二是在操作方法上要做到快化、快洒、洒匀。

23. 并塘时使用生石灰需要考虑什么?

从黄鳝的增产效果来看，在并塘时用生石灰清塘要考虑如下三点：一是冬季气温 10℃ 左右并塘比较适宜。如并塘过早，水温较高，鳝行动活泼，耗氧率高，在密集囤养下容易缺氧。二是要选择天气晴朗、风和日暖的日子。三是进行并塘操作时，生石灰用量要减少，操作要小心。

24. 用漂白粉清塘的原理是什么?

漂白粉一般含氯 30% 左右，遇水后能产生化学反应，放出次氯酸和氯化钙，次氯酸立刻释放出初生态氧，具有强烈的杀菌和杀死敌害生物的作用。在欧洲各国早已广泛用它来清塘，我国在 20 世纪 50 年代才开始应用。它的消毒效果受水中有机物影响，如鱼池水质肥、有机物质多，清塘效果就差一些。

25. 用漂白粉清塘有什么优点?

漂白粉能杀灭野杂鱼、蛙卵、蝌蚪、螺蛳、部分河蚌、水生昆虫以及病原体及其休眠孢子等，效果与生石灰基本相同。漂白粉清塘，用药量少，药效消失快，对缺乏生石灰或使用不便的地方，以及急于使用池塘时，采用此药能收到很好的效果。

需要指出的是，漂白粉消毒的效果与池塘水质肥瘦关系很大，池塘愈肥效果愈差。此外，漂白粉对改良池塘土壤的作用较小。

26. 漂白粉带水清塘如何操作?

用漂白粉带水清塘，要求水深 0.5～1 米，每亩池面漂白粉的用量为 10～20 千克，具体操作如下：先在木桶或瓷盆内加水将漂白粉完全溶化后，立即用木瓢全池均匀泼洒。也可将漂白粉顺风撒入水中，然后划动池水，或用船和竹竿在池内荡动，使药物分布均匀，这样可以加强清塘效果。一般清池消毒后 3～5 天即可注入新水和施肥，再过两三天后，就可投放黄鳝进行饲养。

27. 漂白粉干法清塘如何操作?

干塘消毒时，每亩池面漂白粉用量为 5～10 千克，使用时先用木桶加水将漂白粉完全溶化，然后全池均匀泼洒即可。

28. 用漂白粉清塘时需要注意什么?

漂白粉具有易挥发和易分解的特性，因此在使用前先对漂白粉的有效含量进行快速测定，在有效范围内（含有效氯 30%）方可使用，如果部分漂白粉失效了，可通过换算来确定合适的用量。漂白粉分解释放出的初生态氧容易与金属起作用。因此，漂白粉应密封在陶瓷容器、玻璃瓶或塑料袋内，在口盖空隙处要密封，以免水分进入发生潮解，并存放在阴凉干燥地方，以防止失效。加水溶解稀释时，也不能用铝、铁等金属容器，以免被氧化而降低药效。

施药时操作人员应戴上口罩，并站在上风处泼洒药剂，以防中毒。同时，要防止衣服被漂白粉沾染而受腐蚀。

29. 如何用生石灰加漂白粉清塘?

有时为了提高效果，降低成本，采用生石灰加漂白粉清塘的方法，其效果比单独使用漂白粉或生石灰清塘要好。这种方法也分为带水消毒和干法消毒两种，带水清塘，水深 1 米时，每亩用生石灰 60～75 千克加漂白粉 5～7 千克。干法清塘，水深在 10 厘米左右，每亩用生石灰 30～35 千克加漂白粉 2～3 千克，化水后趁热全池泼洒。具体操作方法如前所述，清塘 7 天后即可放幼鳝。

30. 如何用漂白精消毒?

干法消毒时，可排干池水，每亩用有效氯 60%～70% 的漂白精 2～2.5 千克。带水消毒时，每亩每米水深用上述漂白精 6～7 千克，使用时，先将漂白精放入木盆或搪瓷盆内，加水稀释后进行全池均匀泼洒。

31. 药物清塘时要注意什么?

黄鳝池经过清整，能改善水体的生态环境，提高苗种的成活率，增加产量，提高经济效益。无论是采用哪种消毒剂和消毒方式，都要注意以下几点。

一是清塘消毒的时间要恰当，不要太早也不宜过迟，一般掌握在黄鳝下塘前 10～15 天进行比较合适。如果过早清塘，到黄鳝下塘时池塘里可能又有了杂鱼、虫害等；而过迟消毒，药物的毒性还没有完全消失，如果这时放苗，很有可能对黄鳝有毒害作用。

二是在黄鳝苗种下塘前必须试水，只有在确认水体无毒后才能投放黄鳝苗种。

三是为了提高药物清塘的效果，建议选择在晴天的中午进行，而在其他时间尽量不要清塘，尤其是阴雨天更不要清塘。

32. 如何选择黄鳝苗种?

黄鳝的品种很多，它们在颜色和花纹上有一定的差别，其中生命力最强的是青、黄两种，尤其以体表略带金黄且有暗花纹的苗种为上乘，其生长速度快，增重倍数高，养殖经济效益好，青色次之。为了确保养殖产量高、效益好，在黄鳝养殖生产中要逐步做到选优去劣，培育和使用优良品种。(图 6-2)

图 6-2　最适宜养殖的黄鳝品种

33. 鳝种投放时间有什么讲究?

黄鳝的放养有冬放和春放两种,以春放为主。放养时间早,放养以早春头批捕捉或自繁的苗种为佳。开春较早的长江流域,黄鳝在四月份就出洞觅食,人工养鳝在 4 月初至 4 月下旬也可以投放苗种了。长江以北地区以 5 月上旬至 6 月中旬放养为宜。黄鳝经越冬后,体内营养仅能维护生命,开春后,需大量摄食,食量大且食性广。因此,要尽量提早放苗,便于驯化,提早开食,延长生长期。但也不宜一味追求早,放养时水温要高于 12℃。

34. 养殖黄鳝时选购苗种有什么讲究?

苗种放养是鳝鱼养殖生产中的重要一环。要搞好鳝鱼的人工养殖,就应坚持多种渠道解决苗种的来源。规模化养殖黄鳝时最好批量购买人工繁殖的苗种,或者自己繁育苗种,也可以捞取黄鳝受精卵,进行人工孵化,培育黄鳝苗。

如果是小面积养殖或者是庭院养殖,可以从市场购买鳝种或在 4~10 月间到稻田或浅水的泥穴中徒手捕捉(或笼捉)幼鳝,徒手捕捉时要戴纱手套,用中、食指夹住鳝鱼的前半部,以免幼鳝受内伤,而不能养殖。市场购种时一定要了解鳝种的来源以及是采取何种方式捕捉的,电击鳝、钩钓鳝、鳝夹子夹的鳝均不能用来养殖,应采购用笼捉的或锹刨的鳝,即使是笼捉鳝也要告诉笼捉户笼里上诱饵的钓针最好能捏成大弯,不让鳝吃到,不伤及鳝。要力求做到种质优良,体质健壮,无病无伤。那些用手一抓就能抓住,挣扎无力,两端下垂,或者手感不光滑,身体有斑点的鳝苗都应剔除。还要注意的是,在市场上选购时,不能买用糖精等喂过的鳝苗。

如果有条件的话,最好直接从捕捉户手中购买,以减少中间环节,因为鳝种暂养最好不超过两天。购买后将鳝种放在盛有清洁河水的容器中,水、鳝比按 1:1,且水深以 20~25 厘米为宜,以利于鳝头伸出水面呼吸空气中的氧。切不可将收购来的鳝种长时间高密度聚集在容器中,否则易挤压,造成内伤而引起生殖孔泛红,严重者外翻,这样的鳝种若不经药物处理挑选,成活率不到 50%。

35. 何时是苗种采购的最佳时间?

采购鳝种最好选在谷雨前后及秋分时节,谷雨前后气温在 15℃ 以上、18℃ 以下,在土层越冬的鳝种苗纷纷出洞觅食,鳝鱼大量出现易于捕捉,易于采购,便于运输,捕捞工作一般在晚上进行。方法有鳝笼诱捕、灯光照捕、用三角抄网在河道或湖泊长有水花生的地方抄捕；秋分时节，气温转低，稻田收过稻后，便可以用锹刨鳝，此法捉来的鳝，若受伤，伤势明显，易于挑选，投放后成活率可高达95％以上。之所以要避开鳝鱼的繁殖季节，是因为繁殖季节怀卵鳝极易受伤，运输投放成活率均较低。

36. 鳝种放养规格和密度有什么讲究？

鳝种放养密度视具体情况而定，但一定要适量，应结合养殖条件、技术水平、鳝种规格等综合考虑决定。缺乏经验，管理水平低，水源条件差的，每平方米放0.5～1.5千克。若管理技术水平高，饲养条件好，饲料充足，每平方米可增至3千克左右。

放养密度与鳝苗规格有很大关系，一般随规格的增大，密度相应减少。每千克25～35尾这种规格的苗种，生命力强，放养后成活率高，增重快，产量高。若鳝苗规格过小，会影响其摄食和增重，不能当年收获。如果只是囤养数月，利用季节差价赚取利润，则上述条件都可放宽，且密度也可增加。例如夏末秋初选购，冬春销售，则每平方米可放养10～12千克，同时宜搭配放养20％泥鳅。多个池塘养殖时，应尽量做到每个池塘的鳝苗规格整齐，大小要尽可能一致，不同规格的苗种最好能分池饲养，以免争食和互相残杀，影响生长和成活率。

37. 养殖黄鳝时配养泥鳅有什么好处？

黄鳝苗种放足后，在鳝池中可搭配养殖一些泥鳅，放养量一般为每平方米8～16尾。搭配泥鳅有5个作用：一是泥鳅好动，其上下游动可改善鳝池的通水、通气条件；二是可防止黄鳝因密度过大而引起的混穴和相互缠绕；三是泥鳅可以清除池塘的残饵，搅和池泥；四是混养的泥鳅可减少鳝病的发生；五是养殖出来的泥鳅本身就是经济价值很高的水产品，可以增产增收。另外，鳝池中按每5平方米混养1只龟，能起到如泥鳅一样的作用。

38. 池塘养殖黄鳝时可选哪些饲料？

池塘养殖黄鳝，由于高密度地将它们集中在一个小范围内，它们的活动受到限制，必须投饵精养。

黄鳝是以肉食性为主的杂食性鱼类，喜食鲜活饵料，在人工饲养条件下，主要饵料有蚯蚓、蝇蛆、大型浮游动物、小杂鱼、蝌蚪、蚕蛹、螺蛳、河蚌肉、昆虫及其幼虫、动物性内脏等，动物性饲料不够时，也可投喂米饭、面条、瓜果皮等植物性饲料。饲养过程应注意多品种搭配投喂，以降低黄鳝对某种食物的选择性和依赖性。

39. 如何就地解决黄鳝的饵料来源问题？

一是在养殖池内施足基肥，培育枝角类、桡足类、轮虫及底栖动物等天然饵料生物。

二是在养殖池内放养一部分怀卵的鲫鱼、抱卵虾，利用它们产卵条件要求不高但产仔较多的优势，促使其一年多次产卵孵化幼体供黄鳝取食。

三是专门饲养福寿螺或螺蛳、河蚌等，也可与发展珍珠养殖相结合，利用蚌肉、螺肉作为饵料。

四是在养殖池上方加挂黑光灯诱捕各种昆虫供黄鳝捕食。

五是用猪、羊、鹅、鸭的内脏等屠宰下脚料投喂黄鳝，要注意尽可能将这些下脚料切碎。

六是培育或挖取蚯蚓、人工繁殖蝇蛆，也可用猪血招引苍蝇生蛆作为饵料。

40. 野生鳝种需要驯饲吗？

由于目前黄鳝的全人工繁殖技术还不很成功，因此目前人工养殖黄鳝的苗种主要来源于野生采捕，它们在初放养时对环境很不适应，一般不吃人工投喂的饲料，因而需要驯饲，否则容易导致食欲不振，造成养殖失败。

41. 池塘养鳝适宜用哪种驯饲方法？

驯饲的方法和技巧很多，各种方法都有一定的效果，这里介绍一种适于池塘养殖的驯饲方法。鳝种放养两天内不投喂饲料，促使黄鳝腹中食物消化殆尽，使其产生饥饿感，然后将池水放掉加入新水，于第三天晚间8～10时开始进行引食。引食时将黄鳝最喜欢吃的蚯蚓、河蚌肉切碎，分几小堆放在进水口一边，并适当进水，形成微流刺激黄鳝前来摄食。第一次的投饲量为鳝种重量的1%～3%，如果到第二天早晨全部吃完，投饲量可增加到4%～6%，而且第二天喂饵的时间可提前半小时左右。如果当天的饲料吃不完，应将残料捞出，第二天仍按前一天的投饲量投喂。待吃食正常后，可在饲料中掺入瓜果皮、豆饼等，也可逐渐用配合饲料投喂，同时减少引食饲料。如果吃得正常，以后每天增加普通的配合饲料。十几天后，就可正常投喂了。同时，可以驯化黄鳝在白天摄食。

42. 如何管理鳝池的水质?

池塘水质良好,不仅可以减少黄鳝疾病的发生,而且可以降低饵料系数,提高养殖的经济效益。

成鳝池水质要求肥、活、嫩、爽,含氧量充足,水中含氧量不能低于 2 毫克/升。对鳝池水质的管理还要求使池水保持适宜的肥度,能为黄鳝提供饵料生物,以利于其生长发育。由于鳝池水浅,投饲量又大,为防止水质恶化,底泥中不施有机肥。在具体养殖时,应根据池内的水质确定是否需要换水:在阳光下,若池水为嫩绿色,则为适宜的水质(图 6-3);若池水为深绿色,应考虑换水;若池水发黑,用手沾起来闻一闻,发现已有异味,应立即换水。春秋两季,一般 7 天左右换水 1 次,夏季 1~3 天换水 1 次,冬季每月换水 1~2次,每次换水量 20%~50%,有条件的地方可在鳝池中形成微流水。平时应及时捞除残饵、污物,以保持水质清新。

如果鳝池水质变坏,可以适时施用药物,如定期施用生石灰等以改善水质。

图 6-3 这样的水质最适宜养鳝

43. 如何通过生物因素来改善鳝池的水质?

在较大较深的养鳝池中,可混养少量罗非鱼、鲤鱼、鲫鱼、泥鳅等杂食性鱼类,能清除残饵、粪便,起到净化水质的作用。另外种植水生植物如茭白、浮萍、水草等都可以净化水质。

值得注意的是，浮萍等虽然可以吸收水中的氨氮，但老死后的残根腐叶给水体造成的负面作用更大，故养鳝池中不宜存留其枯枝败叶，一旦发现就要立即捞出。

44. 可以在鳝池中泼洒哪些生物制剂来控制水质？

在黄鳝的池塘养殖中，可以通过泼洒适量的生物制剂来达到控制水质的目的，用于水产上的生物制剂比较多，效果也非常好，例如光合细菌、芽孢杆菌、乳酸菌、酵母菌、EM（Effective Microorganisms 的缩写，即有效微生物群）原露等。

45. EM 原露用在鳝池里有什么好处？

EM 原露是一种功能强大的微生物菌剂，它是由光合菌、乳酸菌、酵母菌、放线菌、醋酸杆菌 5 科 10 属共 80 多种有关的微生物组合而成。在黄鳝养殖池中使用 EM 原露有很多好处，具体表现在以下几个方面。

一是能杀死或抑制池塘中的病原微生物和有害物质，改善水质，达到防病治病的目的。

二是具有增强黄鳝的抗病能力、促进生长、改善黄鳝品质和提高产量的效果。

三是能有效增加水中溶氧量，快速调整黄鳝的养殖环境，促进养殖生态系中的正常菌群和有益藻类的活化生长，保证养殖水体的生态平衡。

四是可将 EM 原露拌入饵料投喂，直接增强鱼类的吸收功能和防病抗逆能力。

五是 EM 中的光合菌还能利用水中的硫化氢、有机酸、氨及氨基酸兼有的反硝化作用去消除水中的亚硝酸铵，因而能净化养殖池中由排泄物和残饵造成的污染。

46. 如何使用 EM 原露？

EM 原露的使用有其科学性，我们发现有些黄鳝养殖户在养殖过程中也使用了 EM 原露，但是效果不佳，究其原因就是没有正确地掌握它的科学用法。那么如何科学使用 EM 原露呢？

一是在黄鳝放养前全池泼洒，可以对养鳝池塘进行水质净化和底泥改良，用量是每 100 平方米鳝池用 1 千克 EM 喷洒。

二是在黄鳝的饲养期间一般隔 15 天左右全池泼洒 EM 菌液一次，目的是更好地防病治病，用量为每立方米水体泼洒 10 毫升。如果是水质败坏或污染较重的鳝池，应视实际情况适当缩短泼洒时间间隔，以促使水中污物尽快分解。

三是将 EM 原露添加到饵料中投喂，由于制作黄鳝的软颗粒饵料需向干料中加水，那么就可以用 EM 液代替部分水加入饲料中，添加量为饲料总重量的 2%～5%，这对促进黄鳝的消化，预防肠炎很有作用。

四是由于 EM 原露是微生物菌群，生石灰、漂白粉、茶枯等杀菌剂对其有杀灭作用，不可混用，如果因为治病需要施用时，一定要等生石灰等药物失去效力后才能施用 EM 原露。

47. 如何做好鳝池防暑降温工作?

夏季是黄鳝养殖的关键季节，也是管理上最具风险的季节，因此夏季防暑工作非常重要。当水温上升到 28℃ 以上，黄鳝摄食量开始下降，此时需要做好防暑降温工作。具体方法是：池四周栽种高秆植物，池角搭设丝瓜、葡萄、南瓜棚，池中放些水葫芦或水浮莲，以防烈日暴晒和降温防暑。由于水葫芦等繁殖极快，遮阴面一般不能超过水面的 1/3，有时为控制水草丛中的气温及水温，可在水草上铺盖遮阳网或使用其他遮阴措施。若水温超过 30℃，应及时加注新水，增加换水次数，并将池水加深。最好用地下水降温，但加水时不能一次加注过多，以免温差过大而引起鳝鱼感冒致病。

48. 如何做好鳝池防寒保温工作?

黄鳝是变温动物，到了深秋，环境温度下降时其体温也随之下降，且生长逐渐减缓甚至停止生长。此时可适当减少水草的覆盖面，并将投食时间逐渐提前，以期增大黄鳝的采食量。采取人工防寒保暖可相对延长黄鳝的生长期，即在黄鳝池上用透明的塑料薄膜搭设人工保温棚，可延长一个月左右的生长期，效果十分明显。当水温下降到 15℃ 左右时，应投喂优质饲料，使之膘肥体壮，提高抗寒能力；水温下降到 10℃ 左右时，要及时做好黄鳝越冬工作。如果冬季对鱼池覆盖塑料薄膜大棚或采用其他增温、保温措施，保持适宜的水温，鳝鱼可全年摄食生长，从而大大提高产量和效益。

49. 黄鳝越冬方法有哪几种?

黄鳝越冬有干池越冬、深水越冬、覆膜越冬 3 种方法。

干池越冬。黄鳝停食后，把鳝池的水放干，让小鳝潜入泥底，在土层上面盖 15～20 厘米厚的麻袋、草包或农作物秸秆等。使越冬土层的温度始终保持在 0℃以上。最好把土堆放在一角，然后再加盖干草等物，这样小鳝不易冻死。盖物时不能盖得太严实，以防小鳝闷死。

深水越冬。在黄鳝进入越冬期前，将池水水位升高到 1 米，鳝钻在水下泥底中冬眠。越冬期间如果池水结冰，要及时人工破冰增氧，以防长期冰封导致黄鳝因缺氧而死亡，切忌浅水（20 厘米左右）越冬，否则小鳝会冻死。

覆膜越冬。在养殖池部分水草上覆盖塑料膜，一方面防止水草被冻死，同时也利于增加池温，池水应尽可能加深。

第七章 网箱养殖黄鳝

1. 黄鳝网箱养殖技术为什么会得到迅速推广？

黄鳝网箱养殖是一种新型的特种水产养殖技术，具有投资省、占用水面少、不受水体大小限制、规模可大可小、管理方便，以及黄鳝的生长速度快、放养密度大、成活率高、效益高等有利因素，同时还能充分利用水体，不影响水体中其他鱼的产量，能大幅度提高经济效益，一般每平方网箱可产黄鳝 2.5千克左右，利润可观，是农民增收的有效途径之一。因此发展非常迅速，近年来每年都在成倍地增长。

网箱养殖黄鳝目前还处在技术发展阶段。网箱养殖更适合在大的水体中进行，主要优点是水流通过网孔，使箱体内形成一个活水环境，因而水质清新，溶氧丰富，可实行高密度精养。（图 7-1）

图 7-1 网箱养殖黄鳝

2. 黄鳝网箱养殖技术有哪些优势?

黄鳝网箱养殖是近年来发展起来的一项高科技养殖项目,生产实践表明,黄鳝网箱养殖具有以下优势。

一是单个网箱投资较小。一口底面积为 10 米^2 的网箱,制作成本在 200 元以内,一次性投入不大,可使用 3 年左右。但是如果是大面积网箱养殖时,网箱养鳝和所有养殖业一样存在风险,因为在网箱里的黄鳝是高度密集的,在遇到疾病、气候突然变化时所造成的损失也就很大。所以发展黄鳝网箱养殖,必须有敢于承担风险的思想准备。

二是方便在鱼塘及其他水域中开展。在鱼塘中设置网箱,养鳝养鱼两不误,不占耕地,可有效利用水面,只要合理安排,对池塘养鱼没有明显影响。网箱养鳝还能把不便放养、很难管理和无法捕捞的各类大、中型水体加以利用。

三是有优良的水环境。网箱一般都设在水面宽广、水流缓慢,水质清新的大中水域的水面,其环境大大优于池塘,溶氧量保证在 5 毫克/升以上,密集的黄鳝群体可以定时得到营养丰富的食物,又不必四处游荡,所以可以长足身量。

四是黄鳝的养殖规模可大可小。网箱养殖可根据自身的经济条件和技术条件,规模可大可小,小规模可以是一只到十来只网箱,大规模可以是数百只甚至数千只。

四是操作管理简便。网箱是一个活动的箱体,可以根据不同季节,不同水体灵活布设,拆迁也十分方便。由于网箱所占面积不大,可以集中在一片水域,集中投喂,集中管理。而且黄鳝网箱养殖只需移植水草,劳动强度小,平时的养殖主要是投喂饲料和防病防逃,发现鱼病,可以统一施药。养殖到一定阶段,捕大留小,随时将达到商品规格的黄鳝送往市场,这样一方面可以均衡鱼鲜上市,还疏散了网箱密度,让个体小的黄鳝快速长成。

五是水温稳定。网箱放置于池塘、水库等水域中,既可以用浮水式网箱,也可以用沉水式网箱,由于网箱所处的水体较宽大,夏季炎热时箱内的水温不会迅速上升,更不容易达到 30℃以上的高温。

六是养殖成活率高。由于水质清新,水温较为稳定,因而网箱养殖的成活率较高。

3. 黄鳝网箱养殖需要哪些用具?

首先是养殖的主体——网箱,其次是向网箱里喂食和定期检查、巡箱用的小船，进排水用的大口径三相水泵等服务性器材；再次是装运黄鳝的篓子、木桶、盆、果箱等；第四是把饵料绞碎用的绞肉机、用来冷冻饲料的冰柜等；最后就是一些附属用品，包括毛竹、固定网箱用的沉子、挂网箱的 8～12 号铁丝等。

4. 黄鳝网箱养殖对水域有哪些要求？

只要水位落差不大、水质良好无污染、受洪涝及干旱影响不大、水体中无损害网箱的鱼类或水生动物、水深 1～2.5 米的水域，无论是静水的池塘，还是微流水的沟渠或水库，均可设置网箱用于养殖黄鳝。在各类型的水域中，最适宜用来网箱养殖黄鳝的是池塘，其次是水位稳定的河沟、湖汊和库湾。

5. 大水体网箱的设置地点有什么讲究？

黄鳝网箱养殖，密度高，其设置地点直接影响养殖效果，所以在选择网箱设置地点时，须认真考虑以下几个因素。

周围环境：要求设置地点的承雨面积不大，避风、向阳，阳光充足，水质清新、风浪不大、比较安静、无污染、水量交换量适中、有微流水，周围开阔没有水老鼠，附近没有有毒物质污染源，同时要避开航道、坝前、闸口等水域。

水域环境：水域底部平坦，淤泥和腐殖质较少，没有水草，深浅适中，长年水位保持在 2～6 米，且相对稳定水域要宽阔，水流畅通，长年有微流水，流速 0.05～0.2 米/秒。

水质条件：养殖水温变化幅度在 18～32℃ 为宜。水质要清新、无污染。溶氧在 5 毫克/升以上，其他水质指标完全符合渔业水域水质标准。

管理条件：要求离岸较近，电力通达，水路、陆路交通方便。

6. 大水体网箱的结构是怎样的？

养鱼网箱种类较多，按敷设的方式主要有浮动式、固定式和下沉式 3 种。养殖黄鳝多用封闭式浮动网箱。封闭浮动式网箱由箱体、框架、锚石、锚绳、沉子、浮子 6 个部分组成。

①箱体：箱体是网箱的主要结构，通常用竹、木、金属线或合成纤维网片制成。生产上主要用聚乙烯网线等材料，编织成有结节网和无结节网。所编织的网片可以缝制成不同形状的箱体。为了装配简便，利于操作管理和接触水面范围大，箱体通常为长方形或正方形。箱体面积一般为 5～30 米²，以 20 米² 左右为佳，网长 5 米、宽 4 米、高 1 米，其水上部分为 40 厘米，水下部分为

60 厘米。网质要好，网眼要密，网条要紧，以防被水老鼠咬破而使黄鳝逃跑。网箱箱面 1/3 处设置饵料框。

②框架：采用直径 10 厘米左右的圆杉木或毛竹连接成内径与箱体大小相适应的框架，利用框架的浮力使网箱漂浮于水面；如浮力不足，可加装塑料浮球。

③锚石和锚绳：锚石是重 50 千克左右的长方形毛条石。锚绳是直径为 8～10 毫米的聚乙烯绳或棕绳，其长度以设箱区最高洪水位的水深来确定。

④沉子：用直径 8～10 毫米的钢筋、瓷石或铁脚子（每个重 0.2～0.3 千克）安装在网箱底网的四角和四周。一只网箱沉子的总重量为 5 千克左右。安装沉子使网箱下水后能充分展开，且要保证实际使用体积和不磨损网箱。

⑤浮子：框架上装泡沫塑料或油桶等做浮子，浮子均匀分布在框架上，或集中置于框架四角，以增加浮力。

7. 如何设置网箱？

网箱有浮动式和固定式各两种，即敞口浮动式和封闭浮动式，敞口固定式和封闭投饲式。目前采用最广泛的是敞口浮动式网箱。养殖户应根据当地特点，因地制宜选用适宜的网箱，并设置在流速为 0.05～0.2 米/秒的水域中。敞口浮动式网箱，必须在框架四周加上防逃网。敞口固定式网箱水上部分应高出水面 0.8 米左右，以防逃鱼。所有网箱的安置均要牢固成形。设置网箱时，先将四根毛竹插入泥中，网箱四角用绳索固定在毛竹上。然后在其四角用绳索拴好石块做的沉子，沉入水底，调整绳索的长短，使网箱固定在一定深度的水中，可以升降，调节深浅，以防网箱被风浪、水流冲走。网箱放置深度，应根据季节、天气、水温而定，春秋季可放到水深 30～50 厘米处，7、8、9 三个月天气热，气温高，水温也高，可放到 60～80 厘米深。网箱的盖网最好撑离水面，盖网离水，可达到有浪则湿，无浪则干的效果。如此干干湿湿，水生藻类无法固定生长，能保持网箱表面与空气良好的接触状态。如网箱盖网不撑离水面，则要定期进行冲洗。

8. 多个网箱应如何设置？

多个网箱设置时既要保证网箱能有充分交换水的条件，又要保证管理操作方便。常见的是串联式网箱设置和双列式网箱设置。网箱设置点应选择在上游，设置区的水深最少要在 2.5 米以上。对于新开发的水域，网箱的排列不能过密。在水体较开阔的水域，网箱可采用"品"字形、"梅花"形或"人"字形的排列方式，网箱的间距应保持 3～5 米。串联网箱每组 5 个，两组间距 5 米左右，以避免相互影响。对于一些以蓄、排洪为主的水域，网箱排列以整行、整列布置为宜（图7-2），以免影响行洪流速与流量。

图 7-2　网箱养殖黄鳝的整体布局

9. 在池塘里网箱养殖黄鳝对环境条件等有什么要求?

在池塘设置网箱养殖黄鳝，池塘环境条件的好坏直接影响黄鳝的生长，因此它对池塘也有一定的要求。

池塘大小：在池塘里设置网箱来养殖黄鳝，由于网箱需要通过风浪作用来达到水体的流通，因此池塘面积以 4000～8000 米² 为好，形状尽可能为长方形，长宽比为 2：1 或 3：2。

环境：黄鳝生性喜温、避风、避光、怕惊，设置网箱养殖黄鳝的水体应无污染、进排水方便、避风向阳、池底平坦、外界干扰少、水位相对稳定。池水深度 100～180 厘米，池埂的横、纵向要有 2 米的宽度，便于人工操作。池塘方向为东西向，这样可增加池塘日照时间，有利于池中浮游植物的光合作用，可增加水体溶解氧，另外东西向对避风有好处，可减少南北风浪对鱼埂冲刷和对网箱的拍打。

对网箱的要求：网箱一般为长方形或正方形，其体积大小根据鳝苗量而定，一般 10～20 米²，太大不利管理，而太小则相对成本较高。网箱高度为 80～100 厘米。由于黄鳝的钻劲比较大，建议采用双层网箱。网箱在苗种入箱前 5～7 天下水，这样有利于鳝种进箱前在箱内形成一道生物膜，能有效避免鳝种摩擦受伤，新做的网箱还应待其散发出来的有害物质消失后才能进行下一步操作（图7-3）。

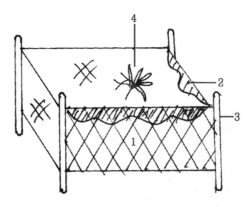

1—网片 2—防逃薄膜 3—支架 4—水草

图 7-3 养殖黄鳝的网箱示意图

10. 池塘里的网箱设置密度有什么讲究？

网箱可并排设置在池塘中，群箱架设还要考虑箱与箱的间距和行距，一般间距要求在 1 米左右，行距在 2 米左右，两排网箱中间搭竹架供人行走及投饲管理。

限制池塘设置网箱数量的主要因素是水质。一般情况下，静水池塘设置网箱的总面积以不超过池塘总面积的 30% 为宜；有流动水的池塘，其网箱面积可达池塘总面积的 50%，但同时还应依据以下几方面情况而综合考虑面积的增减：池塘水源好，排换水容易可多设；池塘内不养鱼或养鱼密度低可多设；养殖耐低氧鱼类（如鲫鱼）的池塘可多设。反之，则应适度控制网箱的设置面积。若网箱设置过密，易污染水质，易发生病害。

11. 鳝种放入网箱前要做好哪些准备？

饲料储备。黄鳝进箱后 1～2 天内就要投喂，因此饲料要事先准备好。饲料要根据进箱黄鳝的规格和是否经过驯食进行准备，如果进箱规格小，未经驯食或驯食不好的，应准备新鲜的动物性饲料；反之，进箱规格大，已经驯食，则应准备相应规格的人工颗粒饲料。

安全检查。网箱在下水前及下水后，应对网体进行严格的检查，如果发现有破损、漏洞，马上进行修补，确保网箱的安全。

设置水草。网箱挂好后需配置水草，一般在 4～5 月份放置，最好是水花生、水葫芦等，其覆盖面积应占网箱面积的 70%～85%，把水葫芦撒放在网箱里，根须浸入水中即可，尽量多放，一般 5 天之后水草就能直立起来，为黄鳝的生长遮阴、栖息提供一个良好的环境。

12. 网箱养鳝时放养鳝种有什么讲究?

网箱养殖黄鳝的苗种选择与池塘养殖的相近,可参照其进行。鳝种放养时,一只网箱一次性放足,一般每平方米可放养25～50厘米的鳝种1～2千克,每只网箱放养20～40千克。鳝苗放养时要消毒,可用浓度为1克/米^{3}二氧化氯或每吨水用鳝病灵10～15毫升,浸泡15～25分钟,消毒时水温差应小于2℃。黄鳝有相互蚕食的习性,放养时规格要一致。另外,每平方米搭配泥鳅10尾,利用泥鳅上下游窜的习性,起到分流增氧作用,又可消除黄鳝的残饵,还能防止黄鳝因密度大在静水中相互缠绕。

鳝种放养应选在4月至5月初或8～9月,以避开黄鳝繁殖期,因为繁殖期收购的黄鳝因性成熟而容易死亡。

13. 网箱养鳝对投喂饲料有什么要求?

黄鳝以肉食性为主,主要饲料是蚯蚓、蝇蛆、河蚌肉、昆虫、蚕蛹、田鸡、猪血块、小鱼虾等,辅以豆腐渣、饼渣等植物性饲料,将动物性饲料搅碎后与植物性饲料配合制成糊团状。养殖时应根据当地的饲料来源、成本等,选择1～2种主要饲料。

黄鳝苗放入网箱后1～3天不喂食,以使其体内食物全部消化处于饥饿状态。一般从第4天开始投喂,并进行驯食,如果驯化不成功就会导致养殖失败。刚开始时以每天下午6～7时投喂饲料最佳,此时黄鳝采食量最高。经过驯食,逐步达到一天投饲2次,分别是上午9时和下午6时,两次投喂量分别为日投喂量的1/3和2/3。日投喂量掌握在体重的3%～5%。投放的饲料要新鲜,网箱中部分剩余的腐烂发臭的饲料应及时清除,否则易引发黄鳝肠炎病。

在网箱养鳝的实践中,一般是将饲料直接投放到箱内水草上,每3～4米^{2}设一个投料点。若箱内水草过于茂密,投入的饲料无法接近水面,此时可用刀将投料点水草的水面部分割掉,也可用工具将投料点的水草压下,使投入的饲料能够达到或接近水面。由于黄鳝喜欢聚集在投料点周围,造成投料点附近的黄鳝密度太高,为此,我们可每隔一段时间将投料点移动一点位置,以便于黄鳝均匀分布。

14. 网箱养鳝的"四看"投喂技巧是什么?

网箱养鳝中每次投喂量或是否投喂要根据"四看"来灵活掌握。

一看天气。天气晴,水温适宜(21～28℃)可多投,阴雨、大雾、闷热天少投或不投;秋冬水温低,还可稍喂些精饲料。

二看水质。池塘或网箱中，水呈油绿色、茶褐色，说明水体溶氧量多，可多喂饲料；水色变黑、发黄、发臭等，说明水质变坏，宜少投或不投饲料，并及时采取相应措施。

三看黄鳝大小。个体大，投饵多，个体小，投量少，并随个体生长逐渐加投饲料。

四看吃食情况。所投料在 2 小时内吃完，说明摄食旺盛，下次投量应增加数量；如果没有人为和环境因素的影响，4 小时后饲料还剩余很多，说明饲料投量过大，下次应减少投量，并检查黄鳝是否发病。

黄鳝吃惯一种饲料后很难改变习惯再去吃另一种饲料，故应将其饲料固定几个品种，如蚯蚓、小鱼、蚌肉或动物内脏，以提高其生长速度。有条件时可投放活饵料，其利用率高，不用清除残饵，对网箱污染少，有利于黄鳝的生长。

15. 网箱养鳝一定要制定管理制度吗？

网箱养鳝的成败，在很大程度上取决于管理。一定要有专人尽职尽责管理网箱。实行岗位责任制，制订出切实可行的网箱管理制度，提高管理人员的责任心，加强检查，及时发现和解决问题等都是非常必要的。

16. 平时怎样巡箱观察？

网箱在安置之前，应经过仔细的检查，鳝种放养后要勤作检查。检查时间最好是在每天早晨和傍晚。方法是将网箱的四角轻轻提起，仔细察看网衣是否有破损。水位变动时，如洪水期、枯水期，都要检查调整网箱的位置。在每天的巡视中，除检查网箱的安全性能，如有破损及时缝补外，更要观察鳝鱼的动态，检查了解鳝鱼的摄食情况和清除残饵，查看鳝鱼有无疾病迹象，若有应及时治疗，一旦发现蛇、鼠、鸟应及时驱除杀灭。保持网箱清洁，使水体交换畅通。注意清除挂在网箱上的杂草、污物和附着的藻类。大风来前，要加固设备，日夜防守。大风造成网箱变形移位，要及时调整，保证网箱原来的有效面积及箱距。水位下降时，要紧缩锚绳或移动位置，防止箱底着泥和挂在障碍物上。

17. 网箱养鳝时如何控制水温？

黄鳝的生长适温为 15～30℃，最适温度为 22～28℃，因此夏季必须采取措施控制水温升高，比如在网箱四周种高大乔木，或架棚遮阳，也可以在网箱内投入喜旱莲子草、凤眼莲、水浮莲等水生植物。冬季低温可将网箱转入小池饲养，可搭塑料薄膜保温或者利用地热水等提高水体温度，此举还可防止敌害。

18. 网箱养鳝时如何控制水质？

保持网箱区间水体 pH7～8，最适于黄鳝生活习性。养殖期每 20 天移动网箱一次，每次移动 20～30 米，这对防止细菌性疾病发生有重要作用。网箱很容易着生藻类，要及时清除，确保水流交换顺畅。要经常清除残饵，捞出死鱼，以及其他腐败的动植物和异物，并进行消毒。

19. 为什么要对鳝体进行检查？

定期检查鳝体，可掌握黄鳝的生长情况，不仅为投饲提供了实际依据，也为产量估计提供了可靠的资料。一般要求 1 个月检查 1 次，并分析存在的问题，及时采取相应的措施。

20. 网箱养鳝时如何防逃？

网箱养鳝在防逃方面要求特别细致，粗心大意会造成损失。

网箱养殖黄鳝，防止鳝鱼逃跑应找出逃跑的原因采取相应的措施：一是网箱本身加工粗糙，让黄鳝有了逃跑的机会，因此在最初加工制作网箱时，一定要力求牢固，网布连接缝合要求有 2～3 条缝线，网箱缝制时上下缘有绳索，底部四角尤其要牢固。二是网箱本身有破损，因此除在网箱下水前要仔细再检查外，在日常巡塘时也要经常检查网箱是否完好，发现破漏及时修补。三是网箱固定不牢固造成的逃跑事件，因此固定网箱的木柱及捆绑的绳索要牢固结实，以防网箱被风刮倒而逃鳝。四是溢洪式逃跑，主要针对固定式网箱，在池塘急速加水或遇到暴风骤雨时，由于水位突然升高，黄鳝趁机逃跑。五是从网箱的水草处逃跑，因此在巡塘时一旦发现箱沿水草过高要及时割除。六是蛇害和鼠害，尤其是鼠害最严重，它会咬破网箱而导致黄鳝逃跑，因此要及时消灭老鼠。七是人为破坏，为防止人为破坏，平时要处理好养殖场的人际关系，做到和谐养殖、和谐发财。八是由于养鳝网布的孔眼小，藻类植物大量着生而难以发现网布破洞，因此应每隔一个月或视具体情况刷洗网壁，检查网箱是否有破洞（图 7-4）。

21. 如何保存网箱？

在黄鳝全部出售后，可将网箱起水，洗刷干净晾干，折叠装在编织袋或麻袋中，放在阴凉处，避免太阳直射，严防老鼠或腐蚀性化学物质损害，如果网

图 7-4   对养鳝网箱进行检查

箱仍放置于池塘中，则应全部沉没于水中，以防冰冻造成破损。只要管理得当，网箱可使用 3~4 年，甚至更长的时间。

22. 清除网箱上的污物有哪几种方法？

网箱下水 3~5 天后，就会吸附大量的污泥，以后还会附着水绵、双星藻、转板藻等丝状藻类或其他着生物，附着物堵塞网目，影响水体交换，不利于黄鳝的养殖，必须设法清除。目前网箱清洗办法有人工清洗、机械清洗、沉箱法和生物清洗法等。

①人工清洗。网箱上附着物比较少时，可用手将网衣提起，抖落污物，或直接将网衣浸入水中清洗。当附着物过多时，可用韧性较强的竹片抽打，使其抖落。操作要细心，防止伤鳝、破网。

②机械清洗。使用喷水枪、水泵，以强大的水流把网箱上的污物冲落。有的采用农用喷灌机（以 3 马力的柴油机作动力），安排在小木船上，另一船安装一吊杆，将网箱吊起各个面顺次进行冲洗。2 人操作，冲洗一只 60 平方米的网箱约 15 分钟，比手工刷洗提高工效 4~5 倍，并减轻劳动强度，是目前普遍采用的方法。

③沉箱法。各种丝状绿藻一般在水深 1 米以下就难以生长和繁殖。因此，将封闭式网箱下沉到水面以下 1 米处，就可以减少网衣上附着物的附生。但此法会影响到投饵和管理，所以使用此法要权衡利弊后再作决定。

④生物清洗法。利用鲴鱼等鱼类喜刮食附生藻类，吞食丝状藻类及有机碎屑的习性，在网箱内适当投放这些鱼类，让它们刮食网箱上附着的生物，使网衣保持清洁。这种生物清污，既能充分利用网箱内饵料生物，又能增加养殖种类，从而提高经济效益。

23. 网箱养殖黄鳝时如何预防疾病与敌害？

网箱养殖黄鳝，密度大，一旦发病就很容易传播蔓延。能否做好鱼病的预防，是网箱养殖成败的关键之一。按照"以防为主、有病早治"的原则进行病害防治。鱼病流行季节要坚持定期以药物预防和对食物、食场进行消毒。在网箱内放养蟾蜍及利用滤食性鱼类、水草、换水等来调控水质进行生态防病，如发现死鳝和严重病鳝，要立即捞出，并分析原因，及时用高效、低毒、无残留的药物进行治疗。

野生的黄鳝大都寄生有蚂蟥、毛细线虫、棘头虫等寄生虫，体表有寄生虫的，可用硫酸铜、硫酸亚铁合剂全池泼洒，浓度为 0.7 克/米^3；体内有寄生虫的，可用 90％的晶体敌百虫每 50 千克黄鳝拌喂 1～3 克，连续 3～6 天。

老鼠是网箱养鳝的最大敌害，可在网箱四周放若干束长头发吓鼠，效果颇佳。

24. 如何管理网箱里的水草？

许多养殖户对于水草，只种不管，认为水草这种东西在野塘里到处生长，实在不行就换掉，不需要过多地管理。其实，这种观念是错误的。如果不加强对水草的管理，就不能正常发挥其作用，而且水草衰败死亡时腐烂变质，极易污染水质，也对网箱造成腐蚀。可以这样说，网箱内水草的好坏，直接关系到黄鳝的成活和生长情况。平时要加强对水草的治虫施肥管理，每个月可施少量复合肥，以促进水草生长。

养殖黄鳝的网箱，经过一段时间后，随着水温的升高，其中的水草也处于生长旺盛期，有的网箱里就会出现水草过密的现象。水草过密时会封闭整个网箱表面，造成网箱内部缺少氧气和光照，黄鳝会因缺氧而死亡。对于过密的水草，要强行打头或割掉，从而起到稀疏水草的效果；或取出一部分水草，稀疏一下水草的厚度就可以了。

25. 网箱养鳝越冬如何管理？

网箱暂养黄鳝，一般在春节前后即已全部销售完毕，此时市场价格较高。若箱内黄鳝需要越冬，则应在停食前强化培育，增强黄鳝体质。进入 11 月份以后，把网箱抬高，减少网箱底部与水草之间的空隙，同时要加大水草厚度，在水草上搭盖塑料膜，以减少因霜冻造成水草死亡，保持黄鳝的栖息场所良好。对于北方霜冻严重的地区，则应考虑温室越冬而不应在池塘越冬。

黄鳝的越冬还可以采取带水越冬的方式，带水越冬时需要经常破冰，增加池水溶氧量。

26. 如何捕捞网箱中的黄鳝？

捕捞网箱中的黄鳝很简单，提起网衣，将黄鳝集中一块，即可用抄网捕捞。因为网箱起网很简单，因此，可以根据市场的需求随时进行捕捞，也可以将没有达到上市规格的黄鳝转入另一个网箱中继续饲养。

第八章　稻田养殖黄鳝

1. 稻田养殖黄鳝有什么优势？

利用稻田养殖黄鳝，成本低、管理容易，既能使稻谷增产，又能增加黄鳝产量，是农民致富的措施之一。

稻田养殖黄鳝是利用一季中稻田实行种植与养殖相结合的一种新的养殖模式，稻田养殖黄鳝，可以充分利用稻田的空间、温度、水源及饵料优势，促进稻鳝共生互利、丰稻增鳝，大大提高稻田综合经济效益。掌握科学的饲养方法平均每亩可产商品鳝鱼 30～40 千克。规格为 15～20 条/千克的优质黄鳝种苗经 4～6 个月的饲养，即可长至 100～150 克。一方面，稻田为黄鳝的摄食、栖息等提供良好的生态环境，黄鳝在稻田中生活，能充分利用稻田中的多种生物饵料，包括水蚯蚓、枝角类、紫背浮萍以及部分稻田害虫。另一方面，黄鳝的排泄物对水稻有追肥作用。因此，稻田养鳝农户可以减少对稻田的农药、肥料的投入，降低成本。

2. 用于养黄鳝的稻田有何要求？稻田需做哪些改造？如何选择稻田？

选择通风、透光、地势低洼、进排水方便、土壤保水保肥性能良好的中稻田，以确保天旱不干涸、洪涝不泛滥，面积以不超过 5 亩为宜。

选好稻田后，还需进行适当的改造。一是在秧苗移栽前将田块四周加高，使其高出田基 20～30 厘米，达到不渗水不漏水的要求；二是在田块四周内外挖一套围沟，其宽 5 米，深 1 米；三是在田内开挖多条"弓"字形鱼沟或"日"字形（图 8-1）或"川"字形（图 8-2）或"田"字形鱼沟（图 8-3），也可以是"井"字形鱼沟（图 8-4）。鱼沟（图 8-5）宽 50 厘米、深 30 厘米，鱼沟与四周环沟相通，以利于高温季节黄鳝打洞、栖息，所有沟溜必须相通。若开沟挖溜在插秧后，可把秧苗移栽到沟溜边。池四周栽上占地面积约 1/4 的水花生作为黄鳝栖息场所分别是鱼沟剖面和各种形状鱼沟示意。

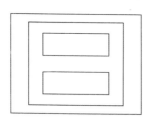

图 8-1 "日"字形鱼沟示意图

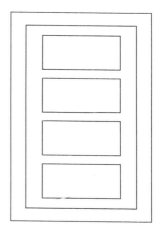

图 8-2 "川"字形鱼沟示意图

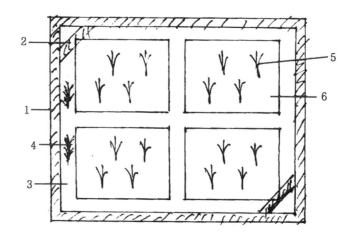

1—田埂及防逃设施 2—田对角的漂游植物 3—田间沟及环形沟
4—水草 5—水稻 6—田坎

图 8-3 "田"字形鱼沟示意图

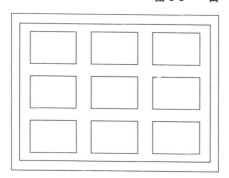

图 8-4 "井"字形鱼沟示意图

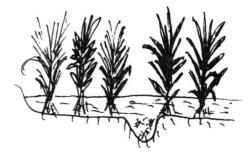

图 8-5 稻田鱼沟剖面图

3. 稻田养鳝的防逃措施怎么做？

一是搞好进排水系统，并在进排水口处安装坚固的拦鱼设施，用密眼铁丝网罩好，以防黄鳝逃逸；二是稻田四周最好构筑 50 厘米左右的防逃设施，可以考虑用 70 厘米×40 厘米水泥板衔接围砌，水泥板与地面呈 90°角，下部插入泥土 20 厘米左右。如果是粗养，只需加高加宽田埂注意防逃即可；三是将稻田田埂加宽至 1 米，高出水面 0.5 米以上，在硬壁及田边底交接处用油毡纸铺垫，上压泥土，与田土连成一片，这种简易设施造价低，防逃效果好。

4. 稻田养鳝如何施用肥料？

稻田养殖黄鳝采取"以基肥为主、追肥为辅；以有机肥为主，无机肥为辅"的施肥原则。基肥以有机肥为主，于平田前按稻田常用量施入农家肥，追肥以无机肥为主，禾苗返青后中耕前追施尿素和钾肥 1 次，每平方米田块用量为尿素 3 克、钾肥 7 克。抽穗开花前追施人畜粪 1 次，每平方米用量为猪粪 1 千克、人粪 0.5 千克。为避免禾苗疯长和烧苗，人畜粪的有形成分主要施于围沟靠田埂边及溜沟中，并使之与沟底淤泥混合。

5. 稻田养鳝如何投放苗种？

鳝种的投放时间集中在 4 月中下旬，一次性放足。鳝种要求规格大而整齐、体质健壮、无病无伤，由于野生黄鳝驯养较难，最好选择人工培育的优良鳝种，如深黄大斑鳝等。鳝种的投放要力争在 1 周内完成。稻田放养的黄鳝规格以 5～30 厘米为好。放养密度一般为每亩 500 尾，如果饵源充足、水质条件好、养殖技术强，可以增加到 700 尾。鳝种入田前用 3%～5% 的食盐水浸泡 10～15 分钟消毒体表，或用 5 毫克/升的甲醛溶液药浴 5 分钟，以杀灭水霉菌及体表寄生虫，防止鳝种带病入田。

6. 稻田养鳝田水如何管理？

稻田水域是水稻和黄鳝共同的生活环境，稻田养鳝，水的管理主要依据水稻的生产需要兼顾黄鳝的生活习性，多采取"前期水田为主，多次晒田，后期干干湿湿灌溉法"。盛夏加足水位到 15 厘米；坚持每周换水一次，换水 5 厘米；在换水后 5 天，每亩用生石灰化浆后趁热全田均匀泼洒；8 月下旬开始晒田，晒田时降低水位到田面以下 3～5 厘米，然后再灌水至正常水位；水稻拔节孕穗期开始至乳熟期，保持水深 5～8 厘米，往后灌水与露田交替进行，直到 10 月中旬；露田期间要经常检查进出水口，严防水口堵塞和黄鳝外逃；雨季来到时，要做好平水缺口的管理工作。

7. 稻田养鳝如何做到科学投饵？

在黄鳝进入稻田后，先让其饿2～3天再投饵，投喂饲料要坚持"四定"的原则。

定点。饵料要定点投放在田内的围沟和腰沟内，每亩田可设投饵点5～6处，使黄鳝形成条件反射，集群摄食。

定时。因为黄鳝有昼伏夜出的特点，所以投饲时间最好掌握在下午5～6时，对于稻田养殖黄鳝，不一定非得驯食在白天投喂。

定量。投喂时一定要根据天气、水温及残饵的多少灵活掌握投饵量，一般为黄鳝总体重的2%～4%。如果投喂太多，则会胀死黄鳝，污染水质；投喂太少，则会影响黄鳝的生长。当气温低、气压低时少投；天气晴好、气温高时多投，以第二天早上不留残饵为准。10月下旬以后由于温度下降，黄鳝基本不摄食，应停止投饵。

定质。饵料以动物性蛋白饲料为主，力求新鲜无霉变。小规模养殖时，可以采用培育蚯蚓、豆腐渣育虫、利用稻田光热资源培育枝角类等方式获得活饵喂鳝。

还可就地在稻田收集和培养活饵料，例如可采取沤肥育蛆的方法来解决部分饵料，效果很好，用塑料大盆2～3个，盛装人粪、熟猪血等，置于稻田中，苍蝇飞来产卵，蝇蛆长大后会爬出大盆落入水中，供黄鳝食用。

8. 稻田养鳝如何科学防病？

一是稻田里的黄鳝能摄食部分田间小型昆虫（包括水稻害虫），故虫害较少，须用药防治的主要稻病为穗颈瘟病和纹枯病（白叶枯病）。防治病虫害时，应选择高效低毒农药如井冈霉素、杀虫双、三环唑等。喷药时，喷头向上对准叶面喷施，并采取加高水位以降低药物浓度或降低水位，只保留鱼沟、鱼溜有水的办法，防止农药对黄鳝产生不良的影响。

二是在黄鳝入田时要严格进行稻田、鳝种消毒，杜绝病原菌入田。

三是在鳝种搬动、放养过程中，不要用干燥、粗糙的工具，要保持鳝体湿润、防止损伤，若发现病鳝，要及时捞出，隔离，防止疾病传播，并请技术人员或有经验的人员诊断、治疗。

四是对鳝鱼的疾病以预防为主，一旦发现病害，立即诊断病因，科学用药。

五是定期防病治病，每半月一次用生石灰或漂白粉泼洒四周环沟，或者定期用漂白粉或生石灰等消毒田间沟，以预防鳝病。①生石灰挂篓，每次 2～3 千克，分 3～4 个点挂于沟中；②用漂白粉 0.3～0.4 千克，分 2～3 处挂袋。

六是定期使用呋喃唑酮或鱼血散等内服药拌饲投喂，以防肠炎等病。

七是保持水质清新。

9. 稻田里的黄鳝如何捕捞？

稻田养鳝的成鳝捕捞时间一般从 10 月下旬至 11 月中旬开始，在元旦、春节销售的市场最好，价格最高。捕捞黄鳝的方法很多，可因地制宜采取相应捕获措施，以下简要介绍几种方法。

一是捕捉时，先慢慢排干田中的积水，并用流水刺激，在鳝沟处用网具捕捞，经过几次操作基本上可以捕完 90％以上的成鳝；二是用稻草扎成草把放在田中，将猪血放入草把内，第二天清晨可用抄网在草把下抄捕；三是用细密网捕捞；四是放干田水人工干捕，当然，干捕时黄鳝极易打洞藏匿，这时配合挖捕可基本上捕完鳝鱼，挖捕就是从稻田一角开始翻土，挖取黄鳝。不管是网捞还是挖取，都尽量不要让鳝体受伤，以免降低商品价值。

第九章　黄鳝疾病防治

1. 挂袋（篓）法治疗鳝病如何操作？

黄鳝患病后，首先应对其进行正确诊断，根据病情病因确定有效的药物；其次是选用正确的给药方法，充分发挥药物的效力，尽可能减少副作用。不同的给药方法，决定了对鳝病治疗的不同效果。

挂袋（篓）法也就是局部药浴法，把药物放在自制布袋或竹篓或袋泡茶纸滤袋里挂在投饵区中，形成一个药液区，当鳝鱼进入食区或食台时，使鱼体得到消毒和杀灭鱼体外病原体的机会。一般要连续挂三天，常用药物为漂白粉和敌百虫。另外，池塘四角水体循环不畅，病菌病毒容易滋生繁衍；靠近底质的深层水体，有大量病菌病毒生存；茭草、芦苇密生的地方，泼洒药物消毒难以奏效，病原物滋生更易引起鱼病发生；固定食场附近，鱼的排泄物、残剩饲料集中，病原物密度大。对这些地方，必须在泼洒消毒药剂的同时，进行局部挂袋处理，这比重复多次泼洒药物效果好得多。

挂袋（篓）法只适用于预防及疾病的早期治疗。优点是用药量少，操作简便，没有危险以及副作用小。缺点是杀灭病原体不彻底，只能杀死食场附近水体的病原体和常来吃食的鱼体表面的病原体。

2. 浴洗（浸洗）法治疗鳝病如何操作？

这种方法就是将有病的鳝鱼集中到较小的容器中，放在特定配制的药液中进行短时间强迫浸浴，来达到杀灭鳝鱼体表病原体的目的，它适用于个别或小批量患病的鳝鱼使用。药浴法主要是驱除体表寄生虫及治疗细菌性的外部疾病，也可利用皮肤组织的吸收作用治疗细菌性内部疾病。具体用法如下：根据病鱼数量决定使用的容器大小，一般可用面盆或小缸，放 2/3 的新水，根据鱼体大小和当时的水温，按各种药品剂量和所需药物浓度，配好药品溶液后就可以把病鱼浸入。

短时间药浴使用的药品溶液浓度高，常用药为亚甲基蓝、红药水、敌百虫、高锰酸钾等，长时间药浴则用食盐水、高锰酸钾、甲醛、抗生素等。浸浴时间要按鱼体大小、水温、药液浓度和鱼的健康状况而定。一般鱼体大、水温低、药液浓度低和健康状态尚可的，浴洗时间可长些。反之，浴洗时间应短些。

值得注意的是，浴洗药物的剂量必须精确，如果浓度不够，则不能有效地杀灭病菌；浓度太高，容易对鱼造成毒害，甚至死亡。

洗浴法的优点是用药量少，准确性高，不影响水体中浮游生物生长。缺点是不能杀灭水体中的病原体，况且拉网捕鱼既麻烦又伤鱼，所以多在配合转池或运输前后作预防消毒用。

3. 泼洒法治疗鳝病如何操作?

根据鳝鱼的不同病情和池中总水量算出各种药品剂量，配制好一定浓度的药液，然后向鱼池内慢慢泼洒，使池水中的药液达到一定浓度，从而杀灭鱼体上及水体中病原体。如果池塘的面积太大，则可用鱼网把病鱼牵往鱼池的一边，然后将药液泼洒在鱼群中，从而达到治疗的目的。

泼洒法的优点是杀灭病原体较彻底，预防、治疗均适宜。缺点是用药量大，易影响水体中浮游生物的生长。

4. 内服法治疗鳝病如何操作?

内服法是把治疗鳝病的药物或疫苗掺入病鳝喜吃的饲料，如是粉状的饲料则挤压成颗粒状、片状后来投喂病鳝，从而杀灭鱼体内的病原体的一种方法。这种方法常用于预防鱼病或鱼病初期，使用这种方法有一个前提，即鳝鱼一定要有食欲，一旦病鳝失去食欲，此法就不起作用了。一般用3～5千克面粉加诺氟沙星1～2克或复方新诺明2～4克加工制成颗粒状或片状饲料，可鲜用或晒干备用。投喂时要视鱼的大小、病情轻重、天气、水温和鱼的食欲等情况灵活掌握，预防治疗效果良好。

由于药物能通过食物直接进入到黄鳝的肠胃，然后再经血液循环到达病患部位，效果好，治疗目的性强。缺点是当黄鳝的病情严重，尤其是病鳝已停食或减食时就很难收到效果。

5. 注射法治疗鳝病如何操作?

注射法采取肌肉内注射或腹腔内注射的方法将水剂或乳剂抗生素注射到病鳝肌肉或腹腔中杀灭体内病原体，以治疗各类细菌性鳝病。

注射前病鱼要经过消毒麻醉，适于水温低于15℃的天气，以黄鳝抓在手中跳动无力为宜。如果采用肌肉注射，注射部位宜选择在背部肌肉丰厚处。如果是采用腹腔注射，注射部位宜选择在胸部。一般是采用腹腔注射，深度以不伤内脏为宜，进针 45°角。

注射法的优点是鱼体吸收药物更为直接、有效，药量准确，且见效快、疗效好，缺点是太麻烦也容易弄伤鳝体，且对幼鳝无法使用。

6. 涂抹法治疗鳝病如何操作？

以高浓度的药剂直接涂抹鱼体患病处，以杀灭病原体。主要治疗鳝鱼外伤及鱼体表面的疾病，涂抹法适用于检查亲鱼及亲鱼经人工繁殖后下池前，在人工繁殖时，如果不小心在采卵时弄伤了亲鱼的生殖孔，就用涂抹法处理。常用药有红药水、碘酒、高锰酸钾等。涂抹前必须先将患处清理干净。

涂抹法优点是药量少、安全、副作用小。缺点是需要对每尾鳝鱼进行操作，既麻烦，又容易伤害鳝体。

7. 对付鳝病为什么要强调预防为主？

在人工养殖时，黄鳝虽然生活在人为调控的小环境里，养殖人员的专业水平一般较高，可控性及可操作性也强，有利于及时采取有效的防治措施。但是它毕竟生活在水里，一旦生病尤其是一些内脏器官的鱼病发生后，鱼的食欲基本丧失，常规治疗方法几乎失去效果。即使采用针对性治疗，一般或多或少都会死掉一部分鳝鱼，幼鱼期更是如此。因此，对鱼病的治疗应遵循"预防为主，治疗为辅"的原则，按照"无病先防、有病早治、防治兼施、防重于治"的原则，加强管理，防患于未然，防止或减少黄鳝因病死亡而造成的损失。

8. 鳝病的预防措施有哪些？

目前在黄鳝养殖中常见的预防措施有：改善养殖环境，消除病害滋生的温床；加强黄鳝苗种检验检疫，杜绝病原体传染源的侵入；加强鱼体预防，培育健康鳝种，切断传播途径；通过生态预防，提高鱼体体质，增强抗病能力等。

9. 如何防治黄鳝肠炎病？

肠炎病别名烂肠瘟，是肠型点状气单胞杆菌感染所致，尤其是黄鳝吃了腐败变质的饵料或饥饱失常，造成消化道感染病菌时更易发生。发病原因还可能与过量饱食、气候骤变、水温或溶氧下降及水质恶化等有关。

其症状特征为病鳝反应迟钝，活动力下降，离群独游，食欲明显下降或明显没有食欲，水面上漂浮着包有黄白色黏液的粪便。体色变青发黑，肛门红肿突出，可明显看见肛门外有 2 个小孔，轻压腹部有黄色或红色黏液从肛门及口腔中流出。肠管充血发炎。该病一般不会引起大量死亡，但有可能引发其他并发症，如并发肝脏疾病等，则有可能很快死亡。

肠炎病在黄鳝整个生长过程中均可发生，5～8 月是主要流行时期，流行水温 25～30℃。全国黄鳝养殖区都能发病。

预防措施

①投喂新鲜优质饲料，不投腐败变质饵料，掌握投饲"四定""四看"技术。

②天气变化或使用药物时可适当降低投饵量，保持鳝池环境清洁。

③用生石灰彻底清池，每平方米 15～25 克。在发病季节每 10～15 天用漂白粉消毒 1 次。

④长期投喂含三黄粉 0.25 克/千克的饲料。

治疗方法

①第 1 天每 10 千克黄鳝用诺氟沙星 1 克，拌食投喂，第 2～6 天药量减半。

②每千克饵料拌 200 克大蒜糜，连喂 3 天，每天 1 次。

③每 10 千克黄鳝用地锦草、辣蓼或菖蒲 0.5 千克，单独或混合熬汁拌食投喂，每天 1 次，连续 3 天。

④用 10 毫克/升的漂白粉全池遍洒。

⑤每 100 千克黄鳝用大蒜、食盐各 500 克，分别捣烂、溶解，拌饵投喂，连喂 7 天为一个疗程。

⑥用头孢拉定 0.05 毫克/升全池泼洒，连用 2～3 天。同时内服（鱼病康散 4 克＋三黄粉 0.5 克＋芳草多维 2 克）/千克饲料，连用 3～5 天。

10. 如何防治黄鳝出血病？

出血病是嗜水气单胞菌侵入受伤鳝体皮肤所致。苗种下箱或进池后，由于苗种质量差，抵抗力弱，加之降雨、低温、天气变坏、水质恶化等原因引起鳝苗的细菌感染。鳝鱼患病后在水中上下窜动或不停绕圈翻动，久之则无力游动，横卧于水草上呈假死状态。白天可见病鳝头部伸出水面，俗称"打杠"；晚上可见身体部分露出水面，俗称"上草"。鳝鱼体表出现许多大大小小的充血斑块，有时全身会出现弥漫性出血，特别是腹部较明显，病鳝内脏器官出血，用手轻轻挤压便有血水流出。

出血病多发生于盛夏及初秋季节，网箱养殖黄鳝更易发生。30 克以上的鳝鱼最易受伤害。死亡率较高，有时可达 60%。

预防措施

①放养前，用生石灰彻底清塘，并防止鳝鱼体表受伤。

②定期更换池水，保持水质清新。

③每 10 天使用一次净水宝或鱼用微生物水质调节剂，保持池塘水质清新。

治疗方法

①按每 100 千克黄鳝用诺氟沙星 20 克、大蒜 1 千克，捣烂，拌入蚯蚓糊，每天投喂 1 次，连喂 3 天即可。

②用芳草灭菌净水液对网箱定点泼洒 2 次，同时内服出血散、三黄粉和芳草多维，连续拌饵投喂，1 天 1 次，连喂 2～3 天。

11. 如何防治黄鳝烂尾病？

烂尾病是由点状产气单胞杆菌引起的细菌性鱼病。黄鳝患病后，尾部发炎充血，继之尾部的肌肉开始出现坏死溃疡现象，严重时整个尾部烂掉，尾脊骨全部露在外面。病鳝在水中游动时反应迟缓，常常把头伸出水面，时间一长就会因丧失活动能力而死亡。

该病一年四季均很常见，各种规格的黄鳝都可能发生此病，且常伴随感染水霉病。

预防措施

①捕捞、换水、运输等操作要小心，防止鱼体机械受伤。

②尽量消灭寄生虫，防止寄生虫咬伤鱼体，以减少致病菌感染。

③用 0.5 毫克/升二氧化氯全池遍洒。

④每 100 千克鱼每天用 3 克诺氟沙星拌饲料投喂，连喂 5 天。

治疗方法

①用三氯异氰脲酸泼洒，使饲养水中的药物浓度达到 0.4～1 毫克/升。

②发病初期，用浓度为 1% 的二氯异氰脲酸钠溶液涂抹鳝体患处，每天 1 次，连续多次。同时用二氧化氯全池泼洒，使饲养水中的药物浓度达到 1～2 毫克/升。

③用浓度为 2.5 毫克/升的土霉素溶液浸洗鱼体 30 分钟，再泼洒稳定性粉状二氧化氯，使水体中药物浓度达到 0.3 毫克/升。

④用 0.8～1.5 毫克/升的乳酸依沙吖啶（利凡诺）全池遍洒。

⑤每亩水面用五倍子 1 千克，加水 3～5 千克，煮沸 20 分钟，连渣带汁全池泼洒，使池水含五倍子浓度为每立方米 1～4 克。

用药物治疗的同时，必须投喂营养丰富的配合饲料，加强营养，以增强抗病力与组织再生能力。

12. 如何防治水霉病？

水霉病是由水霉菌寄生引起。主要是鳝鱼在运输、翻箱时机械性损伤或互相咬伤皮肤后被霉菌侵入所致。鳝鱼被感染后霉菌的菌丝在体表迅速蔓延扩散而生成灰白棉絮状"白毛"，肉眼可见，病鳝表现焦躁不安，患处肌肉糜烂，食欲不振，最后消瘦而死。

水霉菌主要寄生在黄鳝的伤口处以及受精卵上，危害黄鳝的鱼卵及仔鱼。水霉菌在 5～26℃均可生长繁殖，最适温度 13～18℃，水质较清的水体易生长繁殖。水霉病一年四季均可发生，尤其在晚冬最流行。

预防措施

①黄鳝入池前，用生石灰清池消毒。

②放养时大小分养，防止大鳝伤小鳝。

③操作时尽力减少鳝体受伤。

④投饵均匀适量，减少黄鳝自相残食。

治疗方法

①及时更换新水。

②用 400 毫克/升的食盐和 400 毫克/升的小苏打合剂全池泼洒。

③用 30～50 克/升的食盐水浸泡病鳝 3～4 分钟，并用 0.2％的亚甲基蓝溶液全池遍洒，抑制病情发展。

④成鳝患病时用 5％的碘水涂抹患处。

⑤受精卵可用 50 毫克/升的亚甲基蓝溶液浸洗 3～5 分钟，连续 2 天后每天用 10 毫克/升的亚甲基蓝浸洗 1 次，直至孵化出苗为止。

⑥用水霉净浸泡或全池（箱）泼洒 1～2 次。

13. 如何防治锥体虫病？

锥体虫病别名昏睡病，是由锥体虫寄生在黄鳝的血液内而引起的疾病。锥体虫是黄鳝体内常见的寄生虫，黄鳝病情较轻时，症状不明显，只是身体略微瘦弱，病情严重时，影响黄鳝生长发育，黄鳝身体瘦得如同枯枝杆，同时伴有贫血现象，但不会引起大批死亡。

一年四季均有发现，尤以夏、秋两季较普遍。饲养水体中的尺蠖鱼蛭等蛭类是锥体虫病的媒介生物，因此，锥体虫病的发生与否，与水体中有无蛭类密切相关。养殖环境决定黄鳝的受感染程度，在池塘里感染概率要比在湖泊、水库中的感染概率要小得多，这主要是在池塘里，坚持池塘的清整和消毒的功劳，加上对黄鳝进行治疗疾病时，投放鱼药时也会不同程度地杀死了锥体虫的媒介生物和中间寄主。

预防措施 杀灭水蛭，水蛭是锥体虫的传播媒介，用生石灰或漂白粉清塘消毒，也可用敌百虫毒杀水蛭。

治疗方法

①内服甲苯咪唑，每1千克饲料或5千克鲜活饵料加药10克，搅拌均匀后投喂，连喂3天为一疗程。

②用盐水和硫铁合剂浸洗病鳝。用3%~4%的食盐水浸洗病鳝3~5分钟，再用0.7毫克/升的硫铁合剂（0.5毫克/升的硫酸铜、0.2毫克/升的硫酸亚铁）浸洗病鳝10分钟，可以有效地杀灭大部分锥体虫。

14. 如何防治嗜子宫线虫病?

嗜子宫线虫病别名红线虫病，是由嗜子宫线虫寄生引起的。该病需要剑水蚤做中间寄主，虫体一般是在冬季寄生在黄鳝肠道和腹腔中，只有少数虫体寄生时，黄鳝没有明显的患病症状。春季后虫体生长迅速，当虫体破裂后，可引起黄鳝生病，往往引起细菌、水霉病继发。患该病的黄鳝一般不会直接死亡，即使病情严重时，也在5月左右死亡。

春季是该病的流行季节，夏秋季不发此病，华东、华中地区发病率较高。

预防措施 用90%晶体敌百虫以0.4~0.6毫克/升的浓度全池泼洒，杀死水体中的中间宿主——剑水蚤类，4月下旬及5月上旬各遍洒一次。

治疗方法

①用90%晶体敌百虫2.5克拌在1千克的蚯蚓里，连续投喂3天。

②用三氯异氰脲酸泼洒，水温25℃以上时，使水体中的药物浓度达到0.1毫克/升，20℃以下时，用药浓度为0.2毫克/升。

③用二氧化氯泼洒，使水体中的药物浓度达到0.3毫克/升，可以预防继发性的细菌性疾病的发生。

④内服甲苯咪唑，每1千克饲料或5千克鲜活饵料加药10克，搅拌均匀后投喂，连喂3天为一疗程。

15. 如何防治黄鳝感冒?

黄鳝和其他鱼类一样属于冷血动物，它的体温会随着水温而变化。一般来说，长期生活在同一水体环境中的黄鳝，它的体温与水温基本相当，一般只有0.2℃左右的温差。当水温骤变，温差达到3℃以上时，黄鳝突然遭到不能忍受的刺激而感冒发病。黄鳝发病后表现为焦躁不安，皮肤失去原有光泽，颜色暗淡，体表出现一层灰白色的翳状物，严重时病鳝呈休克状态，以至于发生死亡。

黄鳝感冒病多发于春秋季温度多变时，以及夏季雨后。幼鱼更容易发病。当水温温差较大时，几小时至几天内鳝鱼就会死亡。若长期处于其生活适温范围下限，会引起鳝鱼继发性低温昏迷；长期处于低温下时，还可导致鳝鱼被冻死。

预防措施 冬季注意温度的变化，换水时新水和老水之间的温度差应控制在 2℃以内，且少量多次地逐步加入。换水量不要太大，新加的水一般不要超过老水的 1/4。

治疗方法 适当提高温度，用小苏打或 1% 的食盐溶液浸泡病鱼，可以渐渐恢复健康。

16. 如何防治黄鳝发烧？

黄鳝发烧主要是由于高密度养殖或密集式运输时，鳝体表面所分泌的大量黏液，在水体中微生物作用下，聚积发酵加速分解，而消耗水中溶氧并产生大量热量，使水温骤升，溶氧降低而引发。发病后黄鳝体表较热，焦躁不安，相互纠缠在一起形成团块状，体表黏液脱落，池水黏性增加，头部肿胀，可造成大批死亡。发烧病多发于 7~8 月，主要危害成鳝，全国各地均可发病。

预防措施

①夏季要搭棚遮阴，勤换水，及时清除残饵。

②降低养殖密度，鳝池内可混养少量泥鳅，以吃掉残饵，维持良好水质，泥鳅的上下游窜可防止黄鳝相互缠绕。

③在运输或暂养时，可定时用手上下捞抄几次。

治疗方法

①黄鳝发病后，立即更换新水。

②在池中用 0.7 毫克/升的硫铁合剂（0.5 毫克/升的硫酸铜、0.2 毫克/升的硫酸亚铁）泼洒。

③黄鳝发病后可用 0.07% 浓度的硫酸铜溶液，按每立方米水体 5 毫升的用量泼洒全池。

④每立方水体用大蒜 100 克、食盐 50 克、桑叶 150 克捣烂成汁均匀泼洒鳝池内，每天 2 次，连续 2~3 天。

17. 黄鳝养殖中如何预防敌害？

黄鳝生长期间，尤其是刚放鳝苗和黄鳝繁殖季节，绝对不可放鸭子池中捕食。为防止猫、鼠、鸟类等动物入鳝池捕食黄鳝，最好用旧网片盖住池子，或是采取其他保护措施。

第十章 黄鳝的捕捞、囤养与运输

1. 啥时捕捞黄鳝最合适?

每年的秋冬季节是黄鳝集中上市的季节,价格也比较高,而且水温较低,黄鳝活动能力减弱,所以从 11 月下旬开始至春节前后是捕捞黄鳝上市的最好时机。这时候的气温较低,黄鳝已停止生长,起捕后也便于贮运和鲜活出口。对于野外黄鳝的捕捞,还是以春末夏初为主要时机,此时野生的黄鳝活动能力强,觅食需求也强,非常容易被捕捉到,捕捞后可以暂养或囤养,到冬季再出售。

2. 用排水翻泥法捕鳝如何操作?

由于黄鳝身体无鳞,且有黏液,很滑,因此黄鳝的捕捞不仅仅是一项技术活,有时也是一项乐趣横生的活动。

排水翻捕是小型池塘尤其是水泥池养殖时最有效的捕捞方法,在捕捞前先把池水排干,然后从池的一角开始逐块翻动泥土,一定要注意的是不要用铁锹翻土,最好用木耙慢慢翻动,再用网兜捞取,尽量避免鳝体受伤,这种方式起捕率最高,一般可达 98% 以上。若留待春节前后出售,可将池水放干后,在泥土上覆盖稻草,以免结冰而使黄鳝冻伤冻死,到春节前后再翻泥捕捉。

3. 如何用网片诱捕黄鳝?

网片诱捕是利用黄鳝摄食的特性来捕捞,适用于池塘养殖的黄鳝。先用 2~4 米² 的网片(或用夏花鱼种网片)做成一个兜底形的网,放在水中,在网片的正中心放上黄鳝喜食的饵料,可用诱食性强的蚯蚓等饵料。随后盖上芦席或草包沉入水底,黄鳝会自动聚集在兜底,约半小时后,将四角迅速提起,掀开芦席子或草包,便可收捕大量黄鳝,经过多次的诱捕后,起捕率高达 80%~90%。

4. 如何制作鳝笼?

一般家庭养鳝可采用笼捕法，此法操作简便、效果好。捕鳝的笼是用竹篾编成的，鳝笼呈"人"字形或"L"字形，由两节细竹丝编扎的笼子连接而成。每节竹笼长 30 厘米、粗 10 厘米。其中一节竹笼的一端有一个直径约 3 厘米的进口，只能让鳝进而不能出；另一端有一个同样大小的出口，与另一节竹笼连通。第二节竹笼顶端装有盖子，用于投放诱饵和取鱼（图 10-1、10-2）。

1—倒须 2—前笼身 3—后笼身 4—笼帽 5—帽签

图 10-1 "L"字形捕鳝笼

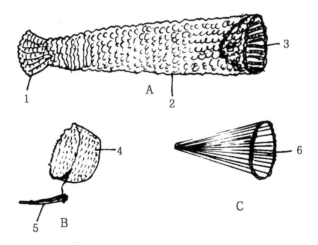

A—"一"字笼 B—笼帽 C—笼身前部倒须

1—后笼身 2—前笼身 3—倒须 4—笼帽 5—帽签 6—倒须

图 10-2 "一"字形捕鳝笼

5. 如何用鳝笼捕鳝？

在 20～30 个鳝笼中分别放入一些猪骨头、动物内脏，鳝鱼喜欢吃的鲜虾、小鱼、猪肝、蚯蚓等饵料，笼头盖好倒须，笼尾用绳拴牢。晚上 7～8 时将鳝笼放入池中的投饵处。黄鳝夜间觅食时，嗅到食物，便从笼头口往竹笼内钻，当它饱餐一顿后想走时，因笼头口有倒须再也出不来了。收笼时，一般笼内都有黄鳝，解开笼尾的绳子或取掉笼头的倒须，将黄鳝倒入笆笼内。如果池里的黄鳝密度很大而且笼子又多的话，大约隔 2 小时，来提取笼中的黄鳝，规格小的自然掉入池中，能达到上市规格的黄鳝就会留在笼子里而被捕捉，这种方式既能达到捕起商品鳝鱼的目的，而又不影响小鳝的生长。经过多次捕捞，一般可捕获 70%～80%。这种竹笼捕黄鳝的方法只适宜春、夏、秋三季，冬季则不适用。

6. 如何用草垫诱捕黄鳝？

晚秋或初冬放掉池水之前，将较厚的新草垫或草包用 5% 的生石灰溶液浸泡消毒 24 小时后，再用 2% 的漂白粉溶液冲洗除碱，晾置 2 天备用。将草垫铺在鳝池泥沟上一层，撒上约 5 厘米厚的消毒稻草、麦秆，再铺上草垫后，再撒上一层约 10 厘米的干稻草。当水温降至 13℃ 以下时，逐步放水至 6～10 厘米深，水温降至 6～10℃ 时，再于泥沟中加盖一层约 20 厘米的稻草，温度明显下降时，彻底放掉池水，此时由于稻草的逆温效应，温度偏高于泥层，黄鳝就会进入下层草垫下或两层草垫之间。此法适宜于大批量捕捞黄鳝。

7. 如何用扎草堆法捕鳝？

用水花生或野杂草堆成小堆，放在鱼塘的四角，过 3～4 天用网片将草堆围在网内，把两端拉紧，使黄鳝逃不出去，将网中草捞出，黄鳝即落在网中。草捞出后，仍堆放成小堆，以便继续诱黄鳝入草堆然后捕捞。这种方法用在雨刚过后效果更佳。

8. 如何用迫聚法捕鳝？

迫聚法是利用药物的刺激造成黄鳝不能适应水体，强迫其逃窜到无药性的小范围集中受捕的方法，这与药捕方法相类似，不同的是药捕法是通过药物的作用来迷昏黄鳝，黄鳝是被动的，而迫聚法是通过黄鳝的主动逃逸来达到捕捞的目的。迫聚法既可在流水中进行，也可在静水中进行。

用于黄鳝迫聚捕捉的药物有很多种，一般有茶籽饼、巴豆和辣椒等，这些药物在农村很常见，费用也不多。

茶籽饼，又叫茶枯，它含有皂甙碱，对鱼类有毒性，使用时一定要掌握好剂量，过量可致鱼类死亡。一般每亩池塘用 5 千克左右，使用前应先用急火烤热、粉碎茶籽饼，保证颗粒小于 1 厘米，装入桶中沸水 5 升浸泡 1 小时备用。

巴豆的药性比茶枯强，每亩池塘用 250 克，使用前先将巴豆粉碎，调成糊状备用。使用时加水 15 千克混匀，然后用喷雾器喷洒。

辣椒最好选用最辣的七星椒，用开水泡 1 次，过滤一下，然后再用开水泡 1 次，再次过滤，取两次滤水，用喷雾器喷洒，每亩池塘用滤液 5 千克。

流水迫聚捕鳝法。这是用于可排灌的池塘或微流水养殖的池塘或稻田。在进水口处，做两条长 50 厘米泥埂，形成一条短渠，使水源必须通过短渠才能流入田中，在进水口对侧的田埂上开 2～3 处出水口。将迫聚药物撒播或喷洒在田中，用耙在田里拖耙一遍，迫使黄鳝出逃。如田中有作物不能耙时，黄鳝出来的时间要长一些。当观察到大部分黄鳝逃出来时，即打开进水口，使水在整个田中流动，此时黄鳝就逆水游入短渠中，即可捕捉，分选出小的放生，大的放在清水暂养。

静水迫聚捕鳝法。这种方法用于不宜排灌的池塘或水田。先准备好几个半圆形有网框的网或有底的浅笭筐。将田中高出水面的泥滩耙平，在田的四周，每隔 10 米堆泥一处，并使其低于水面 5 厘米，在上面放半圆形有框的网或有底的筐筐，在网或筐筐上再堆泥，高出水面 15 厘米即成。将迫聚药物施放田中，药量应少于流水法，黄鳝感到不适，即向田边游去，一旦遇上小泥堆，即钻进去。当黄鳝全部入泥后，就可提起网和筐捉取。此法宜傍晚进行，翌晨取回。

9. 如何捕捉幼鳝？

有时为了出售鳝苗或者是将池中饲养的幼鳝移到别的池中需要将幼鳝捕捞出来。这时可用丝瓜筋来营造黄鳝的巢穴，每平方米池面可以放 3～4 个干枯的丝瓜筋，过一会幼鳝就会自动钻进去，用密眼网或其他较密的容器装起丝瓜筋，就可把幼鳝捕捉起来。

10. 黄鳝有什么适应运输的特点？

黄鳝的一个重要特点就是它的口腔和喉腔的内壁表皮布满微血管，除了在水中进行呼吸外，在陆地上还能通过口咽腔内壁表皮直接吸收空气中的氧气，因此它们耐低氧的能力非常强，这就决定了它们的生命力也非常强。因此，黄鳝起捕后不易死亡，适合于各种运输方式。黄鳝的运输方法应根据其数量和交通情况，分别采用木桶装运、湿蒲包装运、机帆船装运或尼龙袋充氧装运等。

11. 在运输前如何检查黄鳝的体质？

不论采用哪种装运方法，在运输前必须对黄鳝的体质进行检查，将病、伤的黄鳝剔出，要用清水洗净附在黄鳝体上的泥沙，检查黄鳝有无受伤，如口腔和咽部有内伤，易患水霉病；头部钩伤及其他外伤的和躯体软弱无力的容易死亡，这些黄鳝不宜装运，应就地销售。

12. 什么是干湿法运输？

干湿法运输又称湿薄包运输，是利用黄鳝离水后，只要保持体表有一定湿润性，它就能通过口腔进行气体交换来维持生命活动，从而保持相当长时间不死亡这一特点来进行运输的。干湿法运输黄鳝有它特有的优势，由于需要的水分少，可少占用运输容器，提高运载能力，减少运输费用，还可以防止鳝鱼受挤压，便于搬运管理，总的存活率可达到95%以上。但这种运输方法要求组织工作严密，做到装包、上车船、到站起卸都必须及时，不能延误。此法适用于黄鳝装运数量不多的情况，通常在500千克以下、途中时间24小时以内时采用。

具体操作如下。先将选好的蒲包清洗干净，然后浸湿，目的是保持运输黄鳝的环境有一定的湿度。第二步是将黄鳝入包，每包盛装25~30千克。第三步是将包装入更大一点的容器中，以便于运输，可将装好黄鳝的包装入用柳条或竹篾编制的箩筐或水果篓中，加上盖，以免装运中堆积压伤。运输途中注意保温和保湿，每隔3~4小时要用清水淋一次，以保持鳝体皮肤具有一定湿润性，这对保证黄鳝通过皮肤进行正常的呼吸是非常有好处的。在夏季气温较高时运输，可在装鳝容器盖上放置一块机制冰，让其慢慢地自然融化，冰水缓缓地渗入蒲包，既能保持鳝鱼皮肤湿润，又能起到降温作用。在11月中旬前后，用此法装运，如能保持湿润（此时湿度较低，不宜再添加冰块），3天左右一般不会发生死亡。

13. 什么是带水运输？

相对于干湿法运输来说，采用带水运输黄鳝方法适宜较长时间的运输，且存活率较高，一般可达90%以上。带水运输黄鳝用的容器可以是木桶、帆布袋、尼龙袋、活水船和机帆船、水缸，在运输量少时大都采用木桶运输，在运输量较大时可用活水船和机帆船来装运，具体的要根据实际需要及自己的条件而定。

以木桶带水运输为例。采用圆柱形木桶作为运输鳝鱼的盛装容器，它虽然个体小、储量有限，但有其自身的优点。也就是它既可以作为收购、贮存暂养的容器，又适于汽车、火车、轮船装载运输，且装卸、换水和保管都方便，从收购、运输到销售不需要更换盛装容器，既省时省力，还可减少损耗，所以通常多用木桶装运。起运前要仔细检查木桶是否结实，有无漏水、桶盖是否完整齐全，避免途中因车船颠簸或摇晃而破损。另外，准备几个空桶，随同起运，以备调换之用。

木桶用 1.2～1.5 厘米厚的杉木板制成（忌用松板），高 70 厘米左右，桶口直径 50 厘米，桶底直径 45 厘米，桶外用铁丝打三道箍，最上边的这个箍两侧各附有一个铁耳环，以便于搬运。木桶盖是用同样的杉木板做成，盖上有若干条通气缝供桶内外通气（图 10-3）。

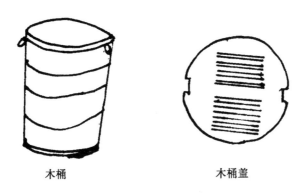

木桶   木桶盖

图 10-3 运输黄鳝的木桶

木桶装载鳝鱼的数量，要根据季节、气候、温度和运输时间而定。一般容量为 60 升左右的木桶，水温在 25～30℃、运输时间在 1 日以内，黄鳝的装载量为 25～30 千克，另盛 20～25 升清水或 20～25 升浓度为 0.5 万～1 万单位/升的青霉素溶液；运途在 1 日以上、水温超过 30℃，鳝鱼装载量以 15～20 千克为宜；如果天气闷热应再适当少装，每桶的装载量应减至 12～15 千克。

14. 尼龙袋充氧密封运输的技术要领是什么？

黄鳝运输量少急需（100～150 千克），一般采用尼龙袋或塑料袋充氧密封运输的方法（图 10-4）。常用的尼龙袋或塑料袋规格为：长 70～80 厘米，宽40 厘米，前端有 10 厘米×15 厘米的装水空隙。

①装袋前先进行合理的分工。通常是 3 人一组，一个人负责捞黄鳝，一个人负责掌握氧气袋，另外一个人负责充氧气。②仔细检查每只塑料袋是否漏

气。可用嘴向塑料袋吹气，也可以将袋口敞开，由上往下一甩，迅速用手捏紧袋口，以判断塑料袋有无漏气。所有的工作必须细心、手脚麻利，不能损坏塑料袋。

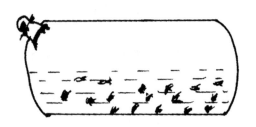

图 10-4　塑料袋装鳝运输

③在装黄鳝的尼龙袋外面应该再套上一只尼龙袋用以加固。有些人先把两只袋套在一起，再去加水、捉鳝，这是欠妥的。应该先用一只袋加好水，然后把另一只袋套上，随后再去捉鳝。

④袋中充氧要注意步骤的先后。应在装鱼前先把塑料袋放进外包装泡沫箱或纸板箱试一下，看一看大约充氧到什么位置，一般每袋装 10 千克黄鳝和 10 升清水。根据这个要求再去捉黄鳝、充氧，充到一定程度就扎口，这样，正好装入箱内。同时正确估计充氧量，充氧太多，塑料袋显得太膨胀而不能很好地装进外包装的泡沫箱中；充氧量太少时，可能会导致黄鳝在长时间的运输过程中因严重缺氧而死亡。如在夏季运输，塑料袋上面要放冰块，使袋中水温保持在 10℃左右。经过 48 小时后把鳝鱼转入清水桶中，黄鳝又可恢复正常，存活率可达 100%。

⑤袋口要扎紧。氧气充足后，先把里面一只袋离袋口 10 厘米左右处紧紧扭转一下，并用橡皮筋或塑料袋在扭转处扎紧，然后再把扭转处以上 10 厘米那一段的中间部分再扭转几下折回，再用橡皮筋或塑料袋将口扎紧。最后，再把外面一只塑料袋口用同样的方法分 2 次扎紧。切不可把两袋口扎在一起，否则就扎不紧，容易漏水、漏气。（图 10-5）

⑥袋中放水量要适当。一般来讲，袋中装水量在 10 千克左右，但也要看鱼体大小和鳝的数量多少而灵活掌握。如果数量少、鳝体小，可少放些水；反之，如果鳝的数量多而且鱼体大要多放些水。

⑦远程运输还得在水中加微量药物。如加适量的浓度为 1 万单位/升的青霉素溶液，能起到防病和降低黄鳝耗氧量的作用，可降低黄鳝在运输中的死亡率。

图 10-5　尼龙袋充氧运输示意图

15. 幼鳝如何运输?

幼鳝可用篓、筐运输。在篓或筐底铺垫无毒塑料薄膜,薄膜上放少量湿肥泥。运输前打 3～4 只鸡蛋搅入泥中,以保持湿泥养分和水分。远途运输时,可放入适量泥鳅和水草,利用泥鳅的好动习性防止黄鳝相互缠绕,以利于提高成活率。也可用尼龙袋装水充氧运输。

16. 运输过程中有哪些因素可能造成黄鳝损失?

黄鳝在运输过程中,发生大批死亡的主要原因有以下 3 点,我们一定要针对性地做到及时预防,减少损失。

①水温升高,导致黄鳝死亡。任何水产动物都有它合适的水温要求,水温的上升能引起黄鳝的活动加强和它的新陈代谢的加快,从而导致它本身耗氧量的剧增。试验研究表明水温在 8～10℃时,黄鳝平均耗氧量每小时每千克为 38 毫克左右;当水温在 23～25℃时,这是黄鳝生长发育的最适水温,它的新陈代谢能力也最旺盛,此时它体内的耗氧量跃增到每小时每千克 326 毫克左右;如果水温进一步上升到 30～34℃时,耗氧量剧增到每小时每千克 697 毫克,这样高的耗氧量,加上在运输时黄鳝的密度比较大,自然易引起水中缺氧而死亡。所以运输黄鳝最好是在春、秋季节,水温在 25℃以下,并要定时换水,经常搅拌,保持最适水温。

②鳝体受伤引起死亡。一是用钩捕获的黄鳝往往会因头部受伤而感染;二

是用破损的篾篓或其他粗糙锋利的容器盛装，会使黄鳝体表创伤；三是运输时由于密度过大，黄鳝相互用嘴撕咬，一般都会导致尾部咬伤。受伤黄鳝，往往受强者的挤轧而沉没于容器的底部。运输时要将病、伤的黄鳝剔出，容器要尽量光滑，无破损，运输密度要适量。

③ "发烧"缺氧，使鳝窒息。所谓"发烧"，是指运输黄鳝的容器内水温显著升高，如果不及时换水，水质进一步恶化，直至呈暗绿色，并有强烈的腥臭味，这时水中严重缺氧，大批黄鳝会窒息而死。但这时体质比较健壮的黄鳝，往往能挤到表层，奋力竖身昂头，直接呼吸空气，因而不会发生死亡。缺乏经验的人常被这种表层假象所蒙蔽，实际上表层以下的黄鳝已经相互纠缠成团，或已经大量死亡。产生"发烧"的原因是因为黄鳝体表富含黏液，容器内鱼的密度又大，如果不及时换水，黏液越积越多，黏液被细菌的分解过程中，很快地将水中的溶解氧消耗完，并产生热量，从而使水温显著升高。所以在贮运时使用青霉素等抗生素，加入少量的泥鳅，减少黄鳝相互缠绕，降低发烧病的发生率，并及时换水，以提高成活率。

参考文献

［1］占家智，羊茜．浅谈黄鳝的生活习性［J］．北京水产，1997，（3）：30.

［2］占家智，羊茜．黄鳝常见病的防治［J］．内陆水产，2001，（7）：41.

［3］占家智，羊茜．水产活饵料培育新技术［M］．北京：金盾出版社，2002.

［4］徐兴川，王权．黄鳝健康养殖实用新技术．北京：中国农业出版社，2006.

［5］徐在宽，徐明．怎样办好家庭泥鳅黄鳝养殖场［M］．科学技术文献出版社，2010.

［6］北京市农林办公室，北京市科学技术委员会，北京市水产总公司．北京地区淡水养殖实用技术［M］．北京：北京科学技术出版社，1992.

［7］凌熙和．淡水健康养殖技术手册［M］．北京：中国农业出版社，2001.

［8］戈贤平．淡水优质鱼类养殖大全［M］．北京：中国农业出版社，2004.

［9］江苏省水产局．新编淡水养殖实用技术问答［M］．北京：农业出版社，1992.